식빵을
맛있게 먹는
99가지 방법

시작하며

식빵 마법학교에 오신 것을 환영합니다.
지금부터 평범한 식빵에 행복의 주문을 더한
99가지 마법의 레시피를 공개합니다!

식빵 마법학교의 시크릿 노하우 4가지

- ☐ 1. 누구나 손쉽게 만든다! (3단계면 끝)

- ☐ 2. 어디서든 구하기 쉬운 재료로 만든다! (집 앞 슈퍼에서 해결)

- ☐ 3. 건강한 재료로 만든다! (되도록 무첨가 식품)

- ☐ 4. 어느 집에나 있는 기본 도구를 사용한다! (주로 오븐 토스터)

조금만 방법을 바꾸면 늘 똑같던 빵 맛이 새롭게 태어납니다. 많은 사람이 빵을 어떻게 먹어야 맛있냐고 종종 물어봅니다. 빵은 서양의 식문화이기 때문에 쌀이 주식인 우리에게는 아직 익숙하지 않을지도 모르겠네요. 그래서 저는 빵을 맛있게 먹는 방법이 담긴 책 한 권이 부엌 어딘가에 항상 놓여 있다면 더욱 행복하고 풍요로운 식탁이 될 것이라고 생각했습니다.

저는 그동안 다양한 빵을 맛보았습니다. 행복했던 식사의 기억이 새록새록 떠오르는군요. 주위에 빵을 좋아하는 사람들이 워낙 많은 탓에, 빵을 맛있게 먹는 온갖 방법을 제게 알려 주었습니다. 바로 그 방법들을 99가지로 정리했습니다.

귀찮거나 어려운 방법은 없습니다. 사실 저는 먹는 데만 선수일 뿐 요리에는 영 꽝인지라, 식빵 마법학교의 낙제생이나 다름없거든요. 저도 만드는데 여러분이 못 만들 리 없겠지요. 특별한 재료나 도구를 사용하는 번거로운 과정은 하나도 없습니다. 첨가물이 들어간 식재료나 강한 맛도 지양합니다. 빵과 재료의 맛이 고스란히 서로의 맛을 아우를 때, 기뻐하는 빵의 모습이 눈에 아른아른하기 때문이지요.

이케다 히로아키

짠!

꺄~

으, 으앗!

쿵쾅

쿵쾅

엄마야, 살려 줘!

슈

반짝 반짝

척!

슈

욱

이봐, 너!

깜짝이야!

놀랬다면 미안.

식빵이 말을 하다니!

미안해…

넌 허구한 날 우리를 숯검댕으로 만들었지.

우리도 먹음직스러워지고 싶단 말이야.

암, 그렇고 말고.

앗, 교장 선생님!

식빵은 농부와 제빵사가 흘린 땀과 눈물의 결실인 법. 건강하고 맛있게 먹으면 식빵도 기뻐할 게다!

그렇군요! 그럼 이제부터 식빵을 맛있게 먹는 방법을 공부해야겠어요!

5

목차

1장 기본 마법

2장 굽는 마법

3장 올리는 마법

4장 바르는 마법

5장 끼우는 마법

6장 향긋한 마법

7장 적시는 마법/말리는 마법

8장 장인의 마법

9장 그 밖의 마법

크루아상 교장
수리수리마수리 마법학교의
최고 지도자. 특급 레벨이므로
바게트 지팡이를 사용한다.

미미
순수하지만 덜렁이. 어처구니없는
실수를 마구 저지르는 학교의
요주의 인물이다. 아직 수련생이므로
소라빵 지팡이를 사용한다.

코르네
우등생. 언뜻 성실해 보이지만
살짝 허당 같은 부분도 있다.
소라빵 지팡이를 사용한다.

탄빵이
맛있는 빵이 완성되도록
학생들에게 질책과
격려를 아끼지 않는다.

오븐 토스터에 대해

- 온도 조절 기능이 없는 간단한 기종이면 됩니다.
- 반드시 3분 정도 예열해 주세요.
- 이 책에 적힌 굽는 시간은 1000W의 오븐 토스터를 사용할 때
  걸리는 시간입니다. 오븐 토스터는 각양각색이지요.
  갖고 있는 기종의 특성을 잘 파악한 후 자유롭게 사용해 주세요.

맛에 대해

- 이 책은 레시피 책이 아닌 아이디어 모음집입니다.
  소금이나 향신료를 넣는 양은 모두 '적당량'으로 표기되어 있습니다.
  부디 여러분의 입맛대로 마음껏 넣어 주세요.
- 향신료는 별다른 설명이 없으면 건조된 타입이지만,
  생으로 사용하면 한층 맛있어집니다.

1장

기본 마법

" 식빵 마법의
기초를 배워 봅시다. "

식빵을 알다

식빵이란

식빵은 밀가루 반죽을 틀에 넣어 구운 것으로, 18세기 영국에서 탄생했다. 프랑스어로 '뺑드미(Pain de mie, 빵의 속살)'라고 불리듯이 노르스름한 껍질의 비율이 상대적으로 적고 하얀 속살이 많은 점이 특징이다.

둥근 식빵과 각진 식빵

식빵에는 '둥근 식빵(open top bread, 영국식 오픈 탑 식빵)'과 '각진 식빵(pullman bread, 미국식 풀먼 식빵)'이 있다. 사각 틀에 뚜껑을 덮지 않은 채 구우면 생지의 꼭대기가 산봉우리처럼 부풀어서 둥그스름해지고, 뚜껑을 덮고 구우면 각진 모양의 식빵이 된다.
각진 식빵은 뚜껑으로 누르기 때문에 생지의 결이 촘촘하고 식감은 보드랍다. 둥근 식빵은 뚜껑으로 누르지 않기 때문에 한껏 부풀어서 생지의 결이 넓찍하고 식감이 가볍다.

맛의 차이

슈퍼나 빵집에서 파는 식빵의 재료 배합은 제품마다 다르다. 유제품과 유지가 많이 들어간 '리치 타입(rich type)', 또는 유제품과 유지를 거의 첨가하지 않은 '린 타입(lean type)'이 있다. 두 가지 특징을 알면 식빵을 고르기 쉬워진다. 개인적인 취향으로, 식사용으로 먹고 싶을 때에는 단맛이 적은 것을 고르고, 달달하게 먹고 싶을 때에는 식빵도 단것을 고른다.

폭신폭신하거나 쫄깃쫄깃한 식감 차이도 물론 있다. 어떻게 먹을지 상상하면서 고르는 것도 나름 즐거운 일이다.

마법
2
기본

굽는 방법의
종류를 알다

[레어 Rare]
굽는 시간 : 1분 정도

표면이 살짝 마른 정도이며 구워진
색깔은 하얗다. 따뜻하게 데운다는
느낌이다.

[생 Raw]
굽는 시간 : 0분

빵을 만드는 사람의 솜씨를 제대로
알 수 있다. 갓 사 온 식빵은 토스터로
굽기 전에 그대로 맛보고 싶어진다.

[미디엄 Medium]
굽는 시간 : 2분 정도

그야말로 딱 맞게 구워진 상태이다.
일반적으로 알고 있는 맛있는 토스트
의 이미지이다.

[웰던 Well-Done]
굽는 시간 : 3분 정도

타기 직전까지 굽는다. 식감은 바삭
바삭하고 맛은 한층 깅해진다.

[미디엄 레어 Medium-Rare]
굽는 시간 : 1분 30초 정도

구운 색깔이 엷게 보인다. 하얀 부분도 있어
서 굽지 않고 먹을 때의 식감도 느낄 수 있다.

두께의 의미를 알다

두께의 의미와 특징을 알면 토스트를
완성했을 때의 모습이 더욱 선명하게 상상되고
이상적인 맛에 가까워질 수 있습니다.

3cm

입안에서 속살이 살살 녹는 식감이다. 버터 토스트에 제격이다. 다른 재료와
함께 먹을 때 빵의 맛이 살아난다. 카페에서 토스트로 자주 활용된다.

2.5cm

3cm 두께와 비슷하게 하얀 속살을 맛볼 수 있는 두께이다.
버터 토스트에 알맞다. 3cm 두께보다 훨씬 부드럽다.

2cm

하얀 속살이 있고 식감도 부드러우면서 부재료와 함께 먹기에도 적당하다.
두꺼운 식빵과 얇은 식빵의 좋은 점을 동시에 갖춘 표준 타입이다.

1.5cm

하얀 부분보다는 겉면의 고소함과 바삭함을 느낄 수 있는 두께이다.
부드럽고 먹기 간편하다. 부재료와 함께 먹을 때 밸런스가 좋다.

1cm

식빵에 테두리가 없어서 아주 부드럽고 먹기 좋다. 부재료의 맛을
한껏 끌어올리는 두께로, 빵만 먹으면 자칫 부족함을 느낄 수 있다.

3cm　　　2.5cm　　　2cm　1.5cm　1cm

칼집 내기

칼집을 내고 토스트를 하면 먹기 좋게 잘 찢어지고
속까지 잘 익기 때문에 바삭바삭한 식감을 즐길 수 있어요.
버터도 안쪽까지 깊숙이 녹아들어서 맛이 무척 좋습니다.

십자

가로세로 2번씩

사선으로 8번씩

사선으로 1번씩

칼집을 몇 번 내느냐에 따라 식감과 맛이 변한다.

마법 5 기본

속 파내기

별이나 동그라미 등 재밌는 모양으로
속을 파낼 수 있습니다.

마법
6
기본

포켓 만들기

두께 2~3cm인 두꺼운 식빵을 반으로 자른 다음,
단면에 칼집을 내면 포켓이 만들어집니다.
카레처럼 국물이 있는 재료를 넣을 때 적합합니다.

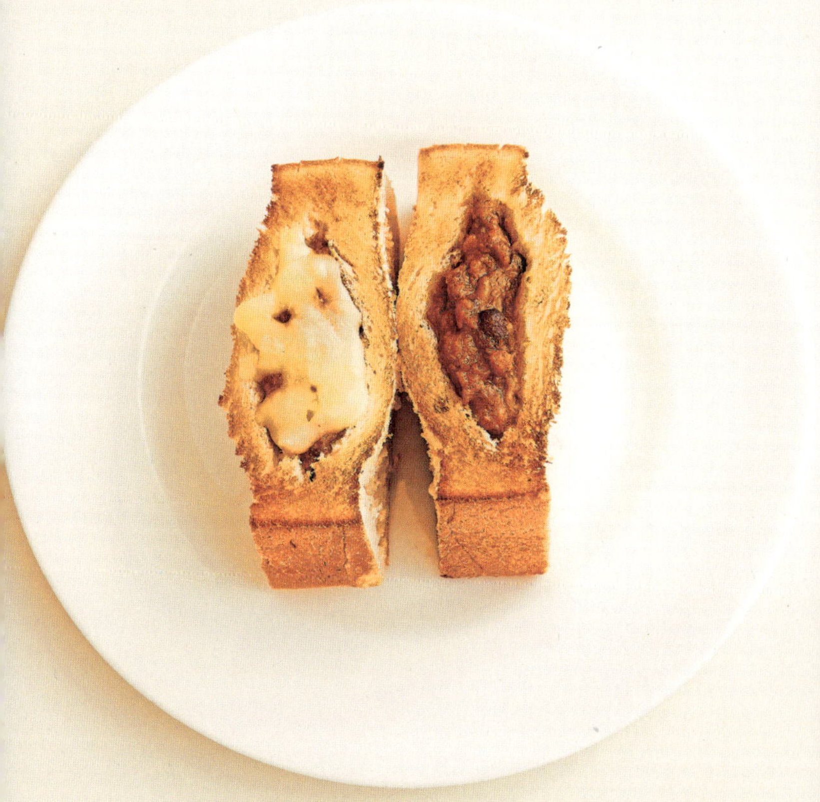

마법
7
기본

세로로 반 잘라서 굽기

식빵을 자르고 나서 구우면 옆면이 부풀어서 새로운 테두리가 생깁니다. 게다가 속까지 노릇하게 잘 익기 때문에 더욱 고소한 맛을 즐길 수 있답니다.

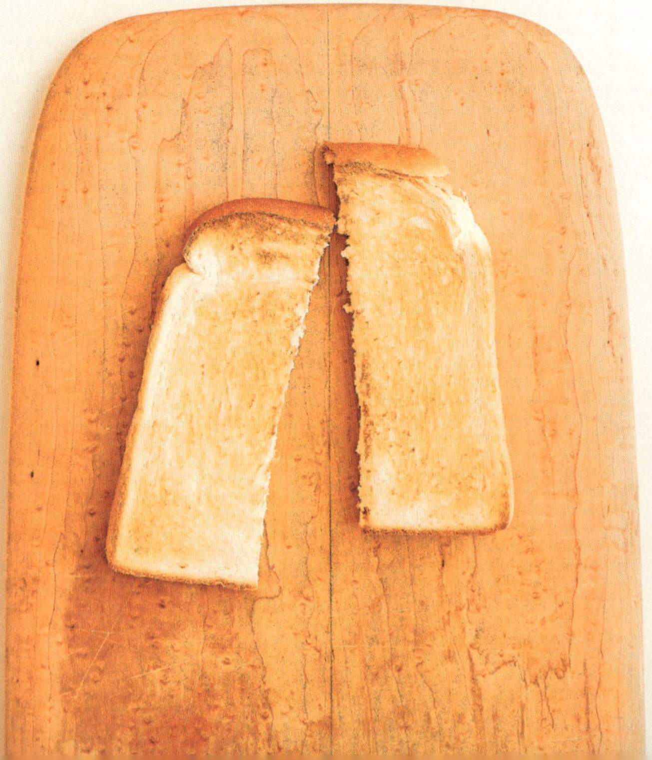

마법
8
기본
다양하게 자르는 방법

스틱 모양으로 자르면 빵을 잘 못 먹는 아이도 수월하게 먹습니다.
평행사변형은 모서리가 많아서 입이 작은 사람에게 딱 좋아요.

3등분하기

스틱 모양으로
자르기

평행사변형으로
자르기

23

마법 9 기본

나무 밀대로 밀기

두께 1.5cm의 식빵을 나무 밀대로 꾹 눌러 밀어서
얇게 만든 뒤 굽습니다. 이렇게 하면 테두리 부분까지
잘 구워져서 바삭바삭한 식감을 맛볼 수 있습니다.
피자나 타르틴을 만들 때 적합합니다.

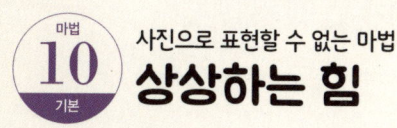

사진으로 표현할 수 없는 마법
상상하는 힘

무엇을 만들어도 맛있게 되지 않는 날이 있습니다. 실패를 만회하려고 하지만 또다시 실패하고, 결국 손을 댈 수 없을 정도로 맛없는 음식이 완성되기도 합니다. 골프 용어로 말하자면 더블 보기나 트리플 보기를 친 골퍼와 마찬가지라고 할 수 있지요. 대체 왜 그런 일이 일어날까요?

상상하는 힘이 약해서 그런 건 아닐까요? 머릿속에 명확하게 완성된 그림이 그려지지 않은 것입니다. 디테일이 약하면 과정 하나하나를 결정하기가 힘듭니다. 부재료를 어떻게 자를지 얼마나 구울지 같은 것 말입니다. 무엇과 무엇을 조합할 것인지 완성된 그림이 희미하면 만드는 도중이라도 헤매고 맙니다. 스스로를 되돌아보니 그렇더군요.

반대로 음식이 맛있게 만들어진 날은 이미지가 선명합니다. 명확한 이미지에서 거꾸로 더듬어 가면 과정 하나하나와 디테일까지 척척 정해집니다. 그리고 무언가에 이끌리듯이 계획대로 모든 게 알아서 저절로 진행되지요. 그런 때에는 빵을 먹는 일이 무척 즐거워집니다.

항상 먹던 식빵인데 조금만 다르게 자르면 맛까지 변한 것처럼 느껴진다. 이를 어떤 빵 덕후가 알려 주었을 때에는 깜짝 놀랐다. 빵을 작게 자르기만 해도 입에 넣는 느낌이 다르다. 잘 알고 있다고 여겼던 미각의 습관이 흔들리면서 맛있다고 느끼는 것이다.

식빵을 반으로 잘라서 먹는 것은 그렇게 특별한 일이 아니다. 보통은 식빵을 구운 뒤에 자르지만, 자르고 나서 식빵을 구워 보면 맛도 식감도 달라진다. 잘린 부분에도 열이 닿아서 새로운 테두리가 탄생하고 더불어 안쪽까지 잘 익는다. 식감은 훨씬 바삭바삭해지고 고소함도 배가 된다. 습관화된 순서를 바꾸기만 해도 식빵은 더욱 맛있어진다.

2장

굽는 마법

" 오븐 토스터를
마법의 상자로 바꾸는 방법! **"**

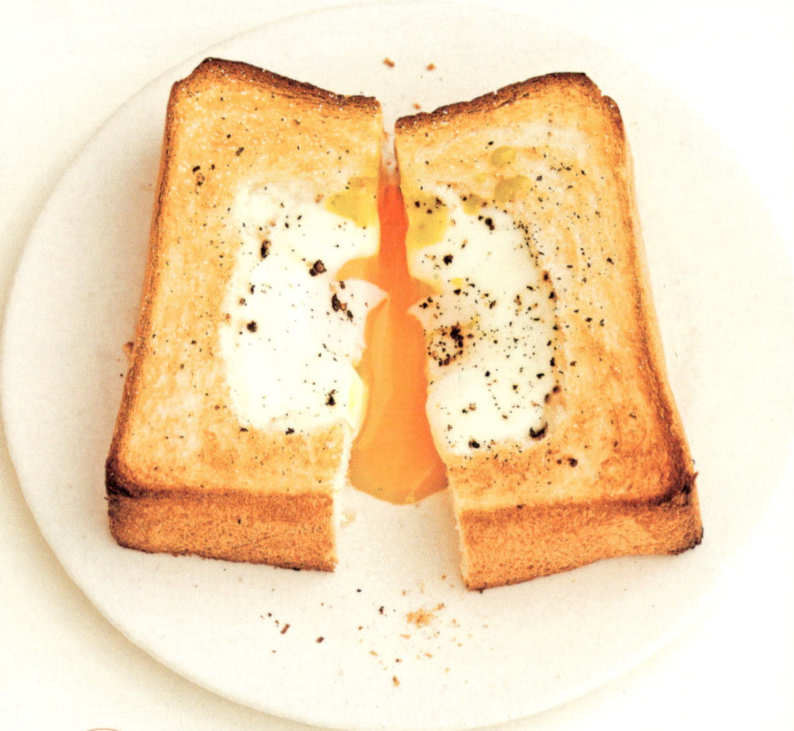

토스트 속 달걀

식빵 속을 파내고 날달걀을 깨서 넣어 보세요.
완숙과 반숙 사이의 몽근한 상태일 때
오븐 토스터에서 꺼내면 됩니다.

재료
식빵(2.5~3cm) 1장, 달걀 1개, 후추 및 소금(취향껏)

1. 식빵 속을 파내서 직경 5~6cm의 공간을 만든다. 이때 식빵의 밑바닥이
   찢어지지 않게 주의한다.
2. 식빵의 빈 공간에 달걀을 깨서 넣는다.
3. 식빵에 물을 분무한 다음 예열한 오븐 토스터에 넣고, 알루미늄
   포일로 덮어서 9분 정도 굽는다. 포일을 벗기고 1분 정도 더 굽는다.

Point
타기 쉬운 재료는 분무기로 물을 적셔서 빵과 부재료가 익는 타이밍을 맞춘다.

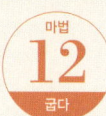

마법

12 핫 플레이트

굽다

휴일 아침에는 가족이나 친구와 브런치를 즐기면 좋겠지요.
이럴 때 핫 플레이트가 제 몫을 톡톡히 한답니다.
각자 좋아하는 부재료를 구워서 빵 위에 올려 먹어요.

재료

식빵(1cm) 적당량, 달걀 적당량, 베이컨 적당량, 양파(슬라이스한 것) 적당량, 아스파라거스(미리 데친 것) 적당량, 브로콜리(미리 데친 것) 적당량, 감자(미리 삶은 것) 적당량, 당근(미리 삶은 것) 적당량

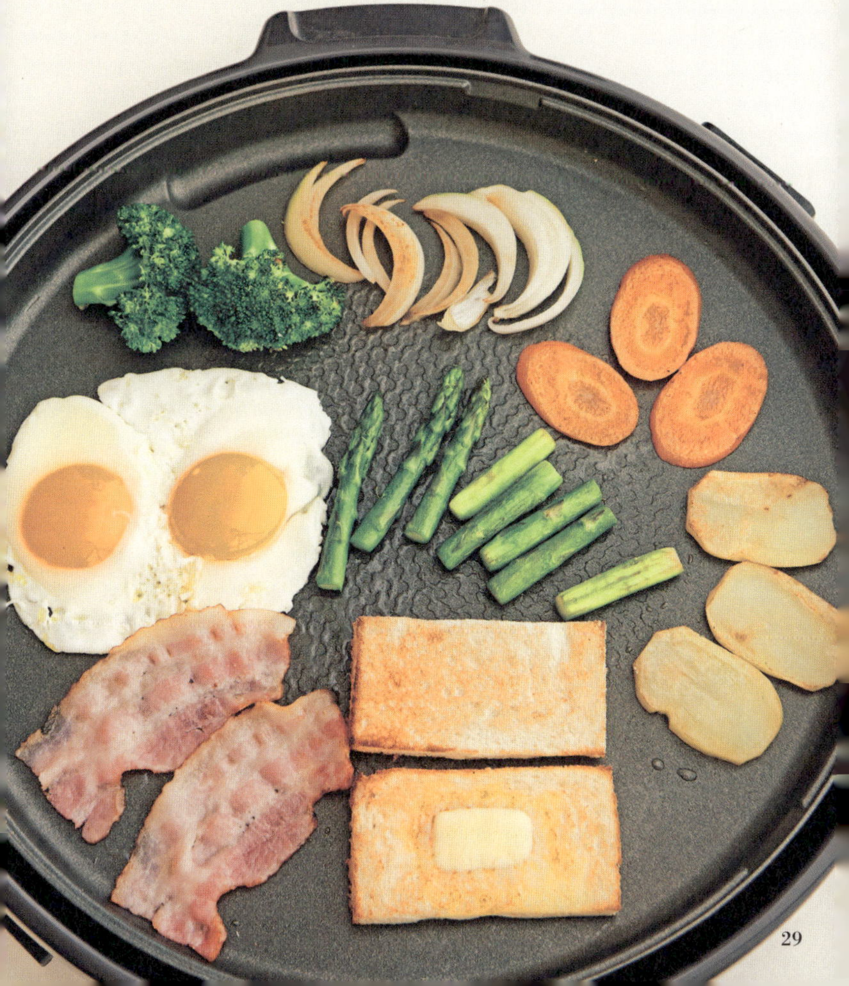

토마토 타르틴*

둥글게 슬라이스한 토마토를 빵 위에 올려서 굽기만 해도
입안이 황홀해져요. 단순할수록 재료와 빵 모두
돋보이게 됩니다.

재료
식빵(1.5~2cm) 1장, 토마토 작은 것 1개, 소금 적당량,
올리브 오일 적당량 (없어도 상관없음)

1. 토마토를 두께 5~7mm로 슬라이스한다.
2. 식빵 위에 슬라이스한 토마토를 여러 개 깐다.
   이때 빵이 보이지 않도록 최대한 테두리까지 잘 메운다.
3. 식빵 위에 소금과 올리브 오일을 뿌리고 알루미늄 포일로 감싼 다음
   오븐 토스터에 넣어 5분 정도 굽는다. 포일을 벗긴 뒤 1분 정도 더 굽
   는다.

Point
오레가노나 딜 같은 향신료를 뿌려도 좋다.

*타르틴 : 빵 위에 여러 가지 음식을 올리고 그 위에 빵을 덮지 않은
샌드위치로 '오픈 샌드위치'라고도 한다.

마법 14 굽다

햄버거 [토마토 타르틴 응용]

아미노산이 함유된 토마토는 감칠맛 때문에
그 자체로 소스가 됩니다. 햄버그스테이크 대신
스테이크를 잘게 저며서 빵 사이에 끼워도 햄버거가 뚝딱 완성돼요.

재료

식빵(1.5cm) 2장, 토마토 작은 것 1개, 소금 적당량(강하게), 올리브 오일
적당량, 간 고기(혼합) 150g, 후추 적당량, 너트메그(육두구 열매) 적당량
(취향껏), 양상추 1장

1. 식빵 1장에 마법13과 동일한 방법으로 슬라이스한 토마토를 올리고
   다른 식빵 1장과 함께 알루미늄 포일로 감싸서 오븐 토스터에 5분 정
   도 굽는다. 포일을 벗기고 1분 정도 더 굽는다.
2. 올리브 오일을 둘러서 예열한 프라이팬에 간 고기를 스테이크처럼
   굽는다. 구우면서 소금과 후추, 너트메그로 간을 하고 뒤집개로 가볍
   게 누르며 식빵보다 조금 작은 크기로 만든다. 속까지 익었다면 완성.
3. 양상추와 익은 스테이크를 식빵에 얹는다.

Point

토마토를 올리지 않은 다른 식빵 1장에 얇게 슬라이스한 양파나
슬라이스 치즈를 올려서 구우면 그야말로 호사를 만끽할 수 있다.

보스카이올라 피자 [토마토 타르틴 응용]

토마토 타르틴에 치즈와 여러 가지 부재료를 올리면 순식간에
피자가 만들어집니다. 버섯만 올려도 '보스카이올라 피자
(나무꾼의 피자)'라는 근사한 요리가 탄생해요.

재료

식빵(1.5~2cm) 1장, 토마토 작은 것 1개, 소금 적당량, 올리브 오일 적당
량, 만가닥버섯 10개 정도, 잎새버섯(느타리버섯이나 송이버섯도 가능) 5개
정도, 양송이버섯(두께 2mm 정도로 슬라이스한 것) 1개 정도, 후추 적당량,
모차렐라 치즈(슬라이스 치즈도 가능) 적당량

1. 식빵을 나무 밀대로 밀고 슬라이스한 토마토를 얹은 다음,
   알루미늄 포일로 감싸고 오븐 토스터에서 5분 정도 굽는다.
2. 구운 식빵에 올리브 오일로 버무린 만가닥버섯과 잎새버섯,
   양송이버섯을 올리고 후추를 뿌린 뒤 모차렐라 치즈를 얹는다.
3. 오븐 토스터에 넣어서 5분 정도 굽는다. 치즈가 노릇해지면 완성.

Point

속까지 노릇노릇하면서도 적당히 촉촉한 상태가 가장 맛있다. 버섯들이 덩어리째
로 뭉치지 않도록 하면서 듬뿍 올려 보길 바란다. 각자 오븐에 맞는 절묘한 굽기
정도를 발견해 보시라.

카프리초사 피자 [토마토 타르틴 응용]

'카프리초사'란 '변덕쟁이'를 의미해요. 여기에 실린 레시피는
하나의 예시일 뿐입니다. 냉장고에 담은 채소를
슬라이스해서 무엇이든 올려 보세요.

재료
식빵(1.5~2cm) 1장, 토마토 작은 것 1개, 소금 적당량, 올리브 오일 적당
량, 검은 올리브(반으로 잘라서 씨를 뺀 것) 4개, 양송이버섯(두께 2mm 정도
로 슬라이스한 것) 1개, 양파(두께 2mm 정도로 슬라이스해서 결대로 뜯은 상태)
적당량, 후추 적당량, 모차렐라 치즈(슬라이스 치즈도 가능) 적당량

1. 식빵을 나무 밀대로 밀고 슬라이스한 토마토를 얹은 다음,
   알루미늄 포일로 감싸고 오븐 토스터에서 5분 정도 굽는다.
2. 구운 식빵에 검은 올리브와 올리브 오일로 버무린 양송이버섯,
   양파를 올리고 소금과 후추를 뿌린 뒤 모차렐라 치즈를 얹는다.
3. 오븐 토스터에 넣어서 5분 정도 굽는다. 치즈가 노릇해지면 완성.

Point
심플하게 바질만 올리면 마르게리타 피자, 마늘 슬라이스를 올리면 마리나라 피자
완성. 마리나라 피자에 안초비를 얹으면 나폴레타나 피자로 변신!

타르트 플랑베

프랑스 알자스 지방의 전통 음식 중 하나예요. 양파의 알싸함과
달콤함이 어우러질 때 맛의 묘미를 느낄 수 있답니다.
흰 치즈인 프로마주 블랑을 바르는 것이 정석이지만
구하기 힘들어서 사워크림으로 대체했습니다.

재료
식빵(1.5cm) 1장, 베이컨 1장, 양파(두께 2mm 정도로 슬라이스해서 결대로 뜯
은 상태) 1/8개, 사워크림(치즈로 대체 가능) 적당량, 소금 적당량, 올리브
오일 적당량, 후추 적당량

1. 나무 밀대로 민 식빵에 사워크림을 바르고,
   양파를 촘촘히 얹은 뒤 베이컨을 듬성듬성 올린다.
2. 그 위에 소금과 올리브 오일을 뿌리고 알루미늄 포일로 감싼 다음 오븐
   토스터에 넣어 5분 정도 굽는다. 포일을 벗긴 뒤 4분 정도 더 굽는다.

Point
샌드위치용 식빵으로 바꾸면 한층 더 바삭한 맛을 즐길 수 있다.

감자 갈레트

원래는 가늘게 채 썬 감자를 프라이팬에 굽는 요리이지만,
식빵과 함께 먹으면 감자와 빵의 놀라운 탄수화물 궁합이
입맛을 사로잡을 거예요.

재료
식빵(1.5cm) 1장, 감자 1/2개, 소금 적당량, 올리브 오일 적당량,
후추 적당량, 로즈메리 적당량

1. 감자를 채 썬다.
2. 나무 밀대로 민 식빵에 채 썬 감자를 촘촘히 얹고,
   올리브 오일과 소금, 후추, 로즈메리를 뿌린다.
3. 식빵을 알루미늄 포일로 감싼 뒤 오븐 토스터에 넣어
   7분 동안 굽는다. 포일을 벗기고 3분 정도 더 굽는다.

Point

감자가 서로 덩어리지지 않을 정도로 빵 테두리까지 듬뿍 올리면 맛도 좋고
빵도 타지 않는다. 감자만 프라이팬에 구워서 식빵에 얹어 먹어도 좋다.

버섯 아히요

'아히요'는 스페인의 바르셀로나 요리에서 대표적으로 사용되는
마늘 소스입니다. 알루미늄 포일 그릇은 빵과 함께 오븐 토스터에서
사용할 수 있어서 냄비 태울 걱정 없이 간편히 요리할 수 있어요.

재료

식빵(1.5~2cm) 1장, 만가닥버섯(먹기 좋은 크기) 10개 정도, 양송이버섯(슬
라이스한 것) 2개 정도, 소금 적당량, 올리브 오일 적당량, 마늘(슬라이스
한 것) 1/2개, 고추(고춧가루로 대체 가능) 1/3개, 후추 적당량(취향껏)

1. 알루미늄 포일을 가로로 6~7cm의 그릇 모양으로 접고 버섯과 마
   늘, 고추를 넣은 다음, 버섯이 모두 잠길 정도로 올리브 오일을 부은
   뒤 소금과 후추를 뿌린다.
2. 알루미늄 포일 그릇을 예열한 오븐 토스터에 넣어 굽는다.
3. 5분 정도 지나면 식빵도 넣어 다시 굽고, 5분 정도 후에 꺼낸다.

Point

남은 올리브 오일에 빵을 푹 담가서 먹으면 맛있다. 알루미늄 포일은 의외로
구멍이 나기 쉬우므로 다룰 때 주의해야 한다. 잎새버섯 등을 넣어도 맛있다.

마법 20 굽다

뱅어 아히요

아히요는 국물을 내기보다는 안초비만 넣어서 먹는
경우가 많아서 뱅어와도 무척 잘 어울려요.
올리브 오일이 팔팔 끓어서 따끈따끈할 때 먹어 보세요.

재료
식빵(1.5~2cm) 1장, 뱅어 15g 정도, 올리브 오일 적당량, 마늘(슬라이스한
것) 1/2개, 고추(고춧가루로 대체 가능) 1/3개, 후추 적당량(취향껏)

1. 알루미늄 포일을 가로세로 6~7cm의 그릇 모양으로 접고 뱅어와 마
   늘, 고추를 넣은 다음, 뱅어가 모두 잠길 정도로 올리브 오일을 부은
   뒤 후추를 뿌린다.
2. 알루미늄 포일 그릇을 예열한 오븐 토스터에 넣어 굽는다.
3. 5분 정도 지나면 식빵도 넣어 다시 굽고, 5분 정도 후에 꺼낸다.

Point
아히요의 정석인 새우를 넣거나 바지락을 넣어도 재미가 쏠쏠하다. 취향껏 파를
넣거나 레몬이나 감귤류의 과일즙을 짜서 넣으면 깔끔한 맛을 즐길 수 있다.

정어리 통조림 직화 구이

대담하게 통조림을 그대로 오븐 토스터에 넣습니다.
부글부글 기포가 끓어오를 때 꺼내서 빵 위에 얹어 먹거나
올리브 오일에 빵을 적셔 먹으면서 맛을 음미해 보세요.
바비큐나 캠핑에서도 요긴하게 써먹을 수 있는 레시피랍니다.

재료

식빵(1.5~3cm) 1장, 정어리 통조림 1캔, 로즈메리 적당량, 레몬 1개,
후추 적당량(취향껏), 타임 적당량(취향껏), 산초 적당량(취향껏)

1. 정어리 통조림을 열어서 로즈메리를 뿌린 다음,
   오븐 토스터에 넣어 굽는다.
2. 10분 정도 후에 식빵도 오븐 토스터에 넣고 다시 5분 정도 굽는다.
3. 통조림과 식빵 위에 레몬을 짜고 취향대로 후추와 타임, 산초를 뿌린다.

Point

통조림 속 남은 국물에 삶은 브로콜리나 콜리플라워, 생 순무나 오이, 당근 등을
담가 먹으면 스위스의 퐁듀와 비슷한 이탈리아 음식 바냐 카우다의 풍미를 느낄
수 있다.

마법 22 굽다

참치 멜트

미국 하면 이 샌드위치가 떠오르지요. 열을 가할 때 나오는
참치 기름과 육즙, 채소의 국물로 식빵이 흐물흐물 녹는 것처럼
보인다고 해서 이런 이름이 생겼답니다.

재료
식빵(3cm) 1장, 참치 통조림 1캔, 타임 적당량, 오레가노 적당량, 토마토
슬라이스 1조각, 양파(다진 것) 1/4개, 케이퍼 적당량, 고다 치즈 적당량,
바질 소스 취향껏

1. 식빵에 참치를 올리고 타임과 오레가노를 뿌린 다음, 토마토와
   양파, 케이퍼, 바질 소스를 얹고 가장 위에 고다 치즈를 올려 준다.
2. 식빵을 알루미늄 포일로 감싼 다음, 오븐 토스터에 넣어 5분 정도
   굽는다. 포일을 벗겼을 때 고다 치즈가 노릇한 색깔을 띠면 완성.

Point
왼쪽 단면 사진처럼 속 재료가 식빵 사이에 잘 고정되어 있으면 완성.

오븐 토스터는 단순히 빵을 굽는 상자에 불과할까? 빵을 구우면서 동시에 요리까지 할 수 있다면 덜 수고로울 텐데 말이다. 문제는 부재료와 빵을 같이 구워 낼 때 일어난다. 수분이 적고 당분이 포함된 빵은 색이 변하기 쉽다. 채소 같은 재료가 채 익기도 전에 빵만 태우기 일쑤다.

그렇다면 알루미늄 포일을 덮는 방법이 있다. 불이 직접 닿지 않아서 타 버리는 것을 피할 수 있다. 온도 조절 기능이 있다면 온도를 낮추는 것도 방법이다. 만약 기어코 태우고 말았다면 마지막 수단이 있다. 탄 부분을 칼로 살살 긁어내면 된다. 중요한 것은 완성될 그림을 선명하게 떠올리는 것이다. 완성된 모습에서 거꾸로 계산하면 모든 순서가 저절로 정해지기 때문이다.

3장

올리는 마법

“ 맛있어져라 얍,
올리면 맛있는 한 끼가 완성! ”

마법

23

올리다

어묵 버터 구이

으깬 흰 살 생선과 간 마를 함께 쪄 낸 한펜은 일본식 어묵으로
집에서 손쉽게 먹을 수 있는 해산물 페이스트입니다.
버터를 얹어서 노릇노릇하게 구우면 훌륭한 단맛이 납니다.

재료
식빵(1.5~2cm) 1장, 버터 적당량, 와사비 적당량,
파슬리 적당량(취향껏), 한펜(정사각형, 어묵도 가능) 1장

1. 가열한 프라이팬에 버터를 녹인 뒤 한펜의 양면이
   노르스름해질 때까지 굽는다.
2. 1분 30초에서 2분 정도 구운 식빵에 버터와 와사비를 바르고
   노릇하게 익은 한펜을 올린 다음, 파슬리를 뿌린다.

Point
한펜을 오븐 토스터로 구워도 좋다. 하지만 쉽게 탈 수 있으므로 주의해야 한다.

양파 캐러멜라이징 타르틴

양파를 캐러멜처럼 갈색빛이 돌 때까지 잘 볶아 주면 달달한 맛이
배어 나오기 때문에 식빵과 함께 먹으면 손을 멈출 수 없어요.

재료
식빵(1.5~2cm) 1장, 양파(슬라이스한 것) 1개, 베이컨 2장,
소금 적당량, 후추 적당량

1. 프라이팬에 양파를 넣고 갈색빛이 돌 때까지 달달 볶는다.
   그리고 소금과 후추를 뿌린다.
2. 양파를 볶은 프라이팬에 베이컨도 넣어서 바짝 익을 때까지
   같이 볶는다.
3. 1분 30초에서 2분 정도 구운 식빵에 버터를 바르고
   볶은 양파와 베이컨을 올린다.

Point
햇양파가 제철일 때에는 본연의 달콤함을 맛보고 싶어진다. 아삭아삭함이 남을
정도로만 살짝 볶아서 중동 요리의 향신료인 커민을 뿌려 먹어도 맛있다.

고등어 통조림 타르틴

마법 25 올리다

고등어는 많은 나라에서 빵과 함께 즐겨 먹는 재료 중 하나인데,
특히 터키의 고등어 샌드위치는 그 맛이 일품이라고
소문이 자자합니다. 호밀빵과 등 푸른 생선의 조합은
두말할 필요도 없이 훌륭해요.

재료

식빵(1.5~3cm) 1장, 삶은 고등어 통조림 1/2캔, 양파(슬라이스해서 찬물에
헹군 것) 1/8개, 차즈기 잎 2장, 레몬 적당량, 타임 적당량, 후추 적당량,
올리브 오일 적당량

1. 식빵을 1분 30초에서 2분 정도 굽는다.
2. 삶은 고등어 살을 살살 풀어서 구운 식빵 위에 듬뿍 올리고
   양파와 차즈기 잎도 얹는다.
3. 그 위에 레몬을 즙으로 짜고 올리브 오일과 타임, 후추를 뿌린다.

Point

타임을 딜로 바꾸면 유럽풍이 되고, 산초로 바꾸면 일본풍이 된다. 미소된장으로
조린 고등어도 맛도 좋다. 빵도 곡물빵이나 전립분빵으로 바꿀 수 있다.

아보카도 타르틴

기름짐과 산뜻함을 동시에 즐길 수 있는 아보카도는
빵과 참 잘 어울려요.

재료
식빵(1.5~2cm) 1장, 아보카도 1개, 올리브 오일 적당량,
소금 적당량, 레몬 적당량, 핑크 페퍼(후추) 적당량

1. 식빵을 1분 정도 굽는다. 갓 나온 식빵은 굽지 않고 사용한다.
2. 아보카도를 반으로 잘라 스푼으로 떠서 식빵 위에 가득 올린다.
3. 그 위에 올리브 오일과 소금, 레몬즙, 핑크 페퍼를 뿌린다.

Point
햄이나 베이컨, 훈제 연어, 새우를 함께 올려도 맛이 좋다.

이탈리아풍 감자 샐러드

와인 바에 갔을 때 눈앞에서 뚝딱 완성된 요리예요.
감자 샐러드는 마요네즈로만 만드는 줄 알았는데
참 신선했어요. 와인이나 다른 음식에도 이 레시피가
훨씬 더 잘 어울린답니다.

재료
식빵(1.5cm) 1장, 감자(중간 크기) 1개, 올리브 오일 적당량,
소금 적당량, 딜 적당량, 후추 적당량

1. 감자가 충분히 포슬포슬해질 때까지 전자레인지에 넣고 돌린다.
2. 껍질을 벗긴 감자를 스푼으로 꾹꾹 으깨고
   올리브 오일과 소금, 딜, 후추를 뿌린 다음 섞는다.
3. 1분에서 1분 30초 정도 구운 식빵 위에 감자 샐러드를 듬뿍 올린다.

Point
감자 샐러드를 잔뜩 만들어 두었다가 먹어도 좋지만
올리브 오일과 소금, 향신료는 먹기 직전에 뿌리는 것이 맛있다.

올리브 오일과 말린 정어리

마법 28 올리다

말린 정어리나 말린 열빙어 같은 건어물은 쓰다 남는 일이
다반사이지요. 남은 자투리를 올리브 오일에 하룻밤
담가 놓으면 다음 날 빵과 함께 먹기 좋답니다.

재료
식빵(1.5cm) 1장, 올리브 오일 적당량, 건어물 적당량, 후추 적당량,
딜 적당량(취향껏), 양파(다진 것) 적당량, 레몬(감귤류도 가능) 적당량

1. 자투리 건어물을 올리브 오일과 후추, 좋아하는 향신료에 버무린다.
2. 1분 30초에서 2분 정도 구운 식빵 위에 버무린 건어물을 올린다.
3. 그 위에 양파를 듬뿍 얹고 레몬즙을 뿌려 마무리한다.
    사진처럼 건어물과 레몬 슬라이스로 장식해도 좋다.

Point
올리브 오일에 버무린 건어물은 만들어서 바로 먹어도 되고,
하룻밤 정도 숙성해서 보관해도 좋다.

제철 채소 구이

채소를 구우면 채소의 향긋함이 한껏 살아납니다.
제철 채소의 향을 담뿍 즐기고 싶어져요.
빵에 올리브 오일과 소금을 뿌리면 금상첨화랍니다.

재료

식빵(1.5~2cm) 1장, 풋고추 1개, 토란 1개, 파 적당량, 잎새버섯 1개 정도,
연근 적당량, 올리브 오일 적당량, 소금 적당량, 후추 적당량

1. 채소를 두께 1cm 정도로 썰고 다 익을 때까지 석쇠에서 굽는다.
2. 구운 채소에 소금과 후추를 뿌리고 1분 30초에서 2분 정도 구운
   식빵 위에 올린 다음, 올리브 오일을 뿌린다.

Point

간편하게 만들고 싶다면 석쇠보다 올리브 오일을 두른 프라이팬에서 굽는 게 더
빠르다. 그릴 팬이라면 더욱 좋다. 이 레시피는 겨울 버전이고, 여름이라면 애호박
이나 파프리카, 방울토마토로 대체한다.

마법
30
올리다

아마낫토* 버터

아마낫토와 버터의 조합을 심플하게 즐겨 보세요.
콩들이 알록달록하니 예쁘지 않나요?

재료

식빵(1.5~2cm) 1장, 아마낫토 적당량, 버터 적당량

1. 식빵을 1분 30초에서 2분 정도 굽고 버터를 바른다.
2. 그 위에 아마낫토를 올린다.

* 아마낫토 : 콩 종류나 밤, 연꽃 열매, 고구마 등을 설탕에 졸인 일본의 전통 과자로 단맛이 강하며, 흔히 알고 있는 낫토와는 관련이 없다.

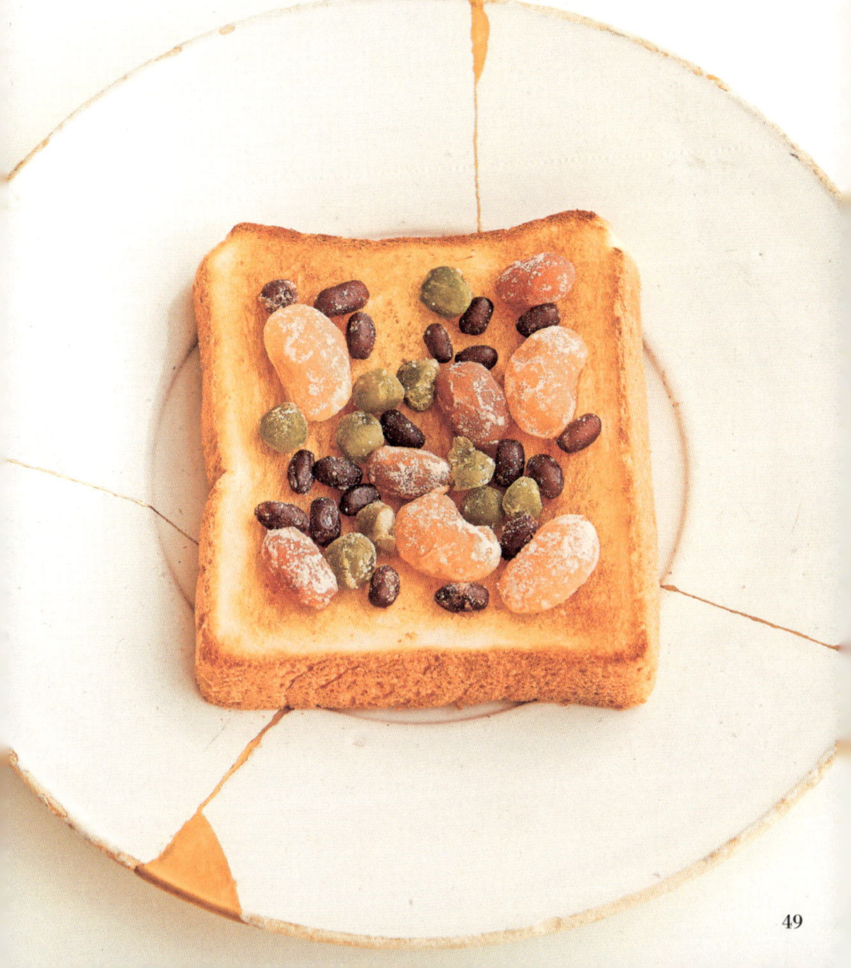

마법
31
올리다

생 햄과 서양 배

둘이 먹다 하나가 죽어도 모를 전채 요리의 정석이에요.

재료

식빵(1.5~2cm) 1장, 서양 배 1개, 생 햄 3장

1. 굽지 않은 식빵이나 1분 정도 구운 식빵에 버터를 바르고, 한입 크기로 슬라이스한 서양 배를 올린다.
2. 그 위에 생 햄을 얹는다.

Point

복숭아나 무화과, 멜론 같은 과일을 얹어도 맛있다.

32

마스카르포네 딸기

요즘 슈퍼에서 쉽게 살 수 있는 크림치즈인 마스카르포네는
과일 맛을 한층 끌어올리는 데 더할 나위 없는 식재료이지요.

재료
식빵(1.5~2cm) 1장, 딸기(슬라이스한 것) 5알, 마스카르포네 적당량

1. 굽지 않은 식빵에 마스카르포네를 바르고, 1/3 크기로 슬라이스한 딸기
를 올린다. 딸기 위에 슈거 파우더를 뿌리면 더욱 먹음직스러워 보인다.

Point
복숭아나 무화과, 멜론, 서양 배 등 다양한 과일로 맛있게 만들 수 있다.
과일을 올리는 대신 잼을 발라도 맛이 좋다.

51

초콜릿 버터

"엄마, 간식 없어?" 이럴 때 프랑스에서는 냉장고에서
초콜릿과 버터를 꺼내어 남은 빵에 발라 먹는다고 해요.

재료
식빵(1.5~3cm) 1장, 판 초콜릿 적당량, 버터 적당량

1. 1분 30초에서 2분 정도 식빵을 굽는다.
2. 버터를 얇게 슬라이스해서 구운 식빵 위에 올린다.
3. 판 초콜릿을 한입 크기로 똑똑 쪼개어 그 위에 듬성듬성 올린다.

Point
버터를 식빵에 바르지 않고 슬라이스해서 올리면 입안에서 초콜릿과 함께 녹아
섞이는 쾌감을 느낄 수 있다. 프랑스식은 바게트로 만드는데 이때 빵은 데우지 않
는다.

초콜릿 마멀레이드

초콜릿을 좋아하는 프랑스인들은 쌉싸래한 초콜릿과
새콤함 감귤을 조합하여 자주 먹습니다. 마멀레이드 대신
라즈베리 잼이나 사과 잼을 발라도 맛있어요.

재료
식빵(1.5~3cm) 1장, 판 초콜릿 적당량, 오렌지 마멀레이드 적당량

1. 1분 30초에서 2분 정도 식빵을 굽는다.
2. 구운 식빵 위에 마멀레이드를 전체적으로 듬뿍 바른다.
3. 판 초콜릿을 한입 크기로 똑똑 쪼개어 그 위에 듬성듬성 올린다.

Point
마멀레이드와 초콜릿을 얹고 빵을 구우면 초콜릿이 녹아서 색다른 맛을
즐길 수 있다.

초콜릿 마시멜로

알코올이나 럼 레이즌*이 함유된 초콜릿을 사용하면
달콤함뿐만 아니라 더욱 부드러운 맛을 느낄 수 있어요.

재료
식빵(2~3cm) 1장, 마시멜로(반으로 자른 것) 적당량,
럼 레이즌이나 알코올이 함유된 초콜릿 적당량

1. 럼 레이즌이나 초콜릿을 식빵 위에 듬성듬성 올리고 그 위를
   마시멜로로 덮는다.
2. 식빵을 알루미늄 포일로 감싸고 오븐 토스터에서 2분 동안 구운 다
   음, 포일을 벗기고 10초 정도 더 굽는다. 오븐 토스트의 전원을 끄고
   뚜껑을 닫은 채 2분 정도 마시멜로를 녹인다.

Point
알코올이 함유된 초콜릿은 수제 디저트 가게에서 구매할 수 있다.
대표적인 술 초콜릿 브랜드는 〈안톤버그〉의 '위스키 봉봉'이 있다.

*럼 레이즌 : 건포도를 럼주에 1달 이상 담가 둔 것으로, 오래 담가 두면
  맛이 좋아진다.

감귤 샐러드

이탈리아에서는 오렌지로 만드는 메뉴이지만 집에서 먹다 남은
귤로 만들어도 맛있답니다. 디저트보다는 샐러드 같아요.

재료
식빵(1.5~2cm) 1장, 감귤 1개, 올리브 오일 적당량,
소금 적당량, 딜 적당량(취향껏), 레몬 적당량(취향껏)

1. 식빵을 제외한 나머지 재료를 볼에 넣어 함께 버무리는데,
   귤껍질은 벗기고 레몬은 즙을 짜서 넣는다.
2. 1분에서 1분 30초 정도 구운 식빵 위에 버무린 귤을 올린다.

Point
귤이 아닌 오렌지도 좋고, 청견이나 천혜향, 레드향으로 만들어도 좋다.
생 딜이나 펜넬을 더하면 훨씬 맛이 좋아진다.

마법
37
올리다

바나나 듬뿍

바나나가 지닌 달콤함이 그 자체만으로
빵과 환상의 조화를 이룬답니다.

재료
식빵(1.5~3cm) 1장, 바나나 1송이, 시나몬 가루 적당량(취향껏)

1. 굽지 않거나 1분 정도 구운 식빵을 준비한다.
2. 바나나를 둥글게 썰어서 식빵 위에 가득 올린다.
3. 그 위에 취향대로 시나몬 가루를 뿌린다.

Point
꿀이나 그래뉴당을 뿌려도 좋다.

마법 38 올리다

초코 바나나

디저트 가게나 축제에 가면 자주 등장하는 짝꿍이지요.

재료

식빵(1.5~3cm) 1장, 바나나 적당량, 초콜릿 스프레드 적당량

1. 굽지 않거나 1분 정도 구운 식빵을 준비하고 초콜릿 스프레드를 바른다.
2. 바나나를 둥글게 썰어서 식빵 위에 올린다.

Point

오븐 토스터에 초콜릿과 바나나를 조금 녹여서 먹는 것도 재미가 있다.
초콜릿 스프레드 대신 판 초콜릿으로도 만들 수 있다.

다양한 재료를 자유롭게 식빵 위에 올려 보자. 서양식, 일본식, 중식 할 것 없이 모든 식재료를 올릴 수 있다. 햄버그스테이크, 고기 감자조림, 새우 칠리, 야키소바에 볶음밥까지 탄수화물에 탄수화물을 더할 수도 있다. 생선회나 구이도 올리브 오일을 뿌리면 빵과 아주 잘 어울린다(마법28).

연구를 하면서 식빵 위에 올리고 싶은 것과 그렇지 않은 것 사이에는 경계선이 있음을 깨달았다. 선망의 요소가 깃들기를 바라기 때문이다. 빵의 고향인 유럽의 식문화가 느껴지는 재료라면 좋겠다. 또는 아름다움과 열정을 느낄 만한 재료도 좋을 것이다. 한펜(마법23)도 정성을 들여 구우면 그럴싸한 식당의 메뉴가 된다.

4장

바르는 마법

> 페이스트의 무지개를 건너 봅시다.
> 버터만 있는 게 아니에요.

명란 버터

식당에서 가끔 볼 수 있는 메뉴이지만 집에서 만들면
감동스러울 정도로 맛있답니다. 명란 바게트나
명란 감자 샐러드와 비슷해요.

재료
식빵(1.5~3cm) 1장, 명란젓 1개, 버터 적당량

1. 뭉친 명란젓을 풀어 주며 프라이팬에서 굽는다.
2. 식빵을 2분 정도 굽는다.
3. 구운 명란젓을 버터로 버무린 뒤 구운 식빵 위에 올린다.

Point
명란젓을 맵게 만들어도 맛있다. 핫도그 빵처럼 반으로 갈라진
바게트로 만들면 시중에 파는 명란 바게트와 비슷해진다.

마법
40
바르다

미소된장 버터

미소된장과 버터의 조합은 그야말로 환상이랍니다. 미소된장을 바른 뒤에 식빵을 구우면 두부 된장 구이와 비슷한 맛이 나요.

재료

식빵(1.5~3cm) 1장, 미소된장 1작은술, 버터 20g

1. 미소된장과 버터를 잘 섞는다.
2. 1분 정도 구운 식빵에 한데 섞은 미소된장과 버터를 바른다.
3. 미소된장의 구수한 향이 날 때까지 식빵을 다시 굽는다.

Point

식빵을 구운 다음 식었을 때 먹는 것도 흥미롭다.
미소된장을 간장으로 바꿔도 먹는 재미가 쏠쏠하다.

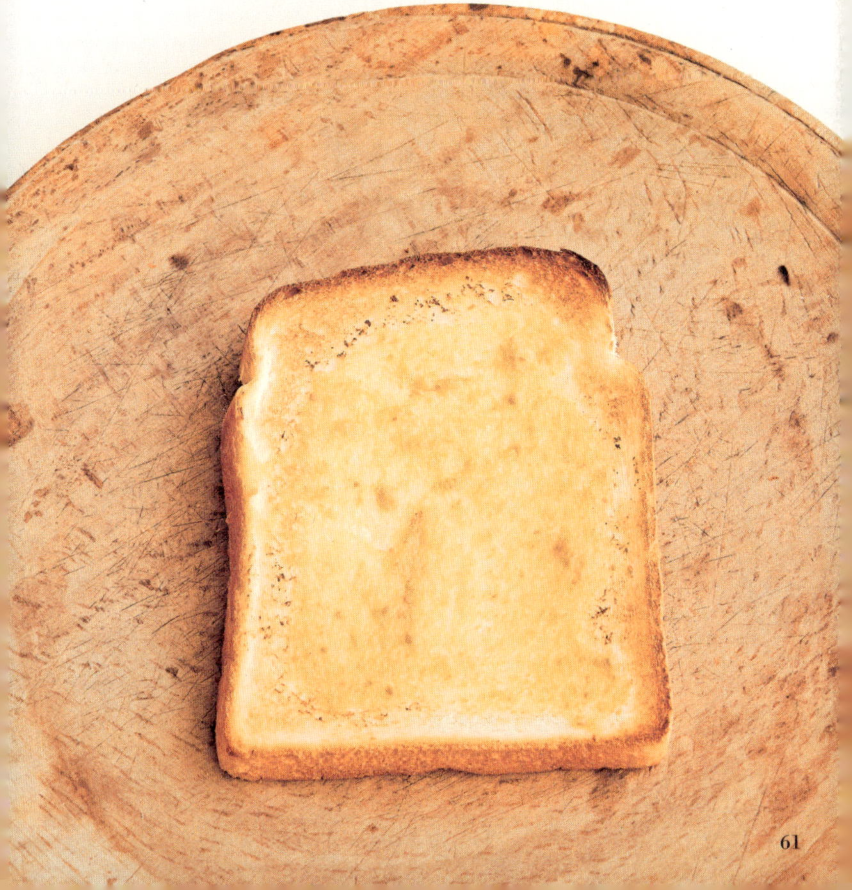

단호박 페이스트

단호박은 열을 가하면 부드러워져서
간편하게 페이스트를 만들 수 있습니다.

재료
식빵(1.5~3cm) 1장, 단호박 1/8개, 그래뉴당 2작은술, 버터 20g,
얼그레이 차(진하게 우린 것) 2큰술

1. 단호박을 한입 크기로 썰고 부드러워질 때까지 전자레인지로 익힌다.
2. 익힌 단호박에 그래뉴당과 버터, 얼그레이 차를 넣고
   페이스트처럼 반죽한다.
3. 취향대로 구운 식빵에 완성한 페이스트를 바른다.

Point
단호박은 베르가모트와 닮은 상큼한 향 때문에 얼그레이와 무척 잘 어울린다.

허니 휩

꿀을 맛있게 먹는 방법에 대한 양봉업자의 꿀팁이랍니다.

재료
식빵(1.5~2cm) 1장, 생크림 100ml, 꿀 1큰술

1. 생크림과 꿀을 섞고 휘저어서 휘핑크림으로 만든다.
2. 굽지 않거나 1분 30초 정도 구운 식빵 위에 휘핑크림을 올린다.

Point
생크림과 섞었는데 오히려 꿀맛이 돋보이는 신기한 맛이다.
생산지나 꽃 종류가 한정된 꿀 중에서 상품성이 좋은 꿀로도 만들어 보고 싶다.

마법
43
바르다

슈거 버터

기본 중의 기본이라 할 수 있지요.
언제 어디서나 간편하게 만들 수 있습니다.

재료
식빵(1.5~3cm) 1장, 버터 적당량, 그래뉴당 적당량

1. 식빵을 1분 30초에서 3분 정도 굽는다.
2. 구운 식빵에 버터를 바른다.
3. 그 위에 그래뉴당을 군데군데 듬뿍 뿌린다.
   이때 차 거름망을 이용하면 편하다.

Point
그래뉴당을 흑설탕으로 바꿔서 응용해도 된다. 그럴 경우 덩어리진 타입을
사용하면 단 부분과 달지 않은 부분이 구분되어 맛있다.

슈거 레몬

갓 썬 과실의 상큼한 향기와 달콤하면서도
새콤한 맛이 얼마나 좋은지 몰라요.

재료

식빵(1.5~2cm) 1장, 버터 적당량, 그래뉴당 적당량,
레몬 껍질(꽉 눌러서 즙이 나온 레몬의 껍질을 1cm 크기로 썬 것) 적당량

1. 식빵을 1분 30초에서 2분 정도 굽는다.
2. 구운 식빵에 버터를 바르고 그래뉴당을 골고루 뿌린다.
   이때 차 거름망을 이용하면 편하다.
3. 레몬 껍질을 식빵 위에 듬성듬성 얹는다.

Point

레몬 껍질을 라임이나 귤, 유자 등의 껍질로 바꿔도 맛있다.
껍질뿐만 아니라 과즙을 짜서 신맛을 더욱 강조할 수도 있다.

천연 홍시 잼

마법 45 바르다

손으로 눌렀을 때 움푹 팰 정도로 푹 익은 감은
천연 잼이나 다름없어요.

재료
식빵(1.5~2cm) 1장, 홍시(푹 익은 것) 1개, 크림치즈 10g,
후추 적당량(취향껏)

1. 굽지 않거나 1분 정도 구운 식빵을 준비하고 크림치즈를 바른다.
2. 껍질과 씨를 제거한 홍시를 스푼으로 떠서 식빵에 얹는다.

Point
가을에는 과일 가게에서 홍시를 저렴하게 살 수 있다.
크림치즈를 마스카르포네로 바꿔도 좋다.

미소된장 아이스크림

미소된장의 발효된 맛이 평범한 아이스크림을
180도 뒤바꿔 줄 거예요.

재료
식빵(1.5~2cm) 1장, 바닐라 아이스크림 1개, 올리브 오일 적당량,
미소된장 적당량

1. 바닐라 아이스크림에 미소된장을 넣어서 한데 섞는다.
2. 굽지 않거나 1분 정도 구운 식빵에 미소된장 아이스크림을 올린다.
3. 그 위에 올리브 오일을 뿌린다.

Point

나이프와 포크로 근사한 디저트 한 접시를 즐기고 싶다면 만들어 보시라.
미소된장 대신 간장을 섞으면 또 다른 맛을 느낄 수 있다.

사과 슬라이스

사과 타르트처럼 얇게 썬 사과를 올립니다.

재료
식빵(1.5~2cm) 1장, 사과(최대한 얇게 슬라이스한 것) 1/4개,
그래뉴당 적당량, 버터 적당량

1. 식빵에 버터를 바르고 최대한 얇게 썬 사과를 겹치듯이 올린다.
   사과는 슬라이서를 이용해 써는 게 가장 좋다.
2. 사과 위에 버터를 바르고, 차 거름망을 사용해서
   그래뉴당을 골고루 뿌린다.
3. 식빵을 오븐 토스터에 넣고 알루미늄 포일을 덮어 3분 정도
   가열한 다음, 포일을 벗겨 내고 1분 정도 식힌다.

Point
나무 밀대로 식빵을 밀어서 사용하면 타르트처럼 바삭한 맛을 느낄 수 있다.
뒤에 나올 마법 50을 참고하여 캐러멜을 발라도 좋다.

마법 48 바르다 콩가루 크림

섞는 것만으로 간편히 완성되는
일본식 스프레드라고 할 수 있어요.

재료
식빵(1.5~3cm) 1장, 콩가루 4작은술, 꿀 2작은술, 우유 1작은술

1. 콩가루와 꿀, 우유를 한데 섞는다.
2. 굽지 않거나 좋아하는 정도로 구운 식빵에 콩가루 크림을 바른다.

Point
여기에 화이트 초콜릿을 올려서 먹어도 맛있다.

마법
49
바르다

앙버터

통조림 팥 앙금에 브랜디를 넣어서 만들어 보는 것도 좋아요.

재료

식빵(1.5~3cm) 1장, 삶은 팥 통조림 1/2캔, 버터 적당량,
브랜디(럼주) 적당량

1. 삶은 팥을 브랜디와 함께 섞는다.
2. 굽지 않거나 좋아하는 정도로 구운 식빵에 팥을 얹는다.
3. 그 위에 슬라이스한 버터를 올린다.

Point

팥 앙금과 버터가 조화를 이루는 앙버터를 제대로 즐기려면 버터를 바르지 말고 나이프로 얇게 슬라이스해서 식빵 위에 올리자. 버터가 입안에서 녹아내리는 풍미를 즐길 수 있다.

마법 50 바르다

핸드메이드 캐러멜

캐러멜 스프레드를 사지 않더라도 의외로 손쉽게 만들 수 있어요.
향도 좋고 특유의 식감을 즐길 수 있답니다.

재료
식빵(1.5~2cm) 1장, 그래뉴당 1큰술, 버터 1큰술, 물 1작은술

1. 프라이팬에 그래뉴당과 물을 넣고 중불로 가열한다.
   캐러멜색이 되었을 때 약불로 줄이고 버터를 넣는다.
2. 좋아하는 정도로 구운 식빵을 프라이팬에 넣어
   캐러멜을 골고루 묻힌다.

Point
버터를 넣기 전까지 재료를 섞지 말고 그대로 가열하면
캐러멜이 식빵에 깔끔하게 발린다.

71

마법
51
바르다

밀크 크림

빙수나 딸기와 함께 먹으려고 샀던 연유가
냉장고에 남았다면 쉽게 만들 수 있어요.

재료

식빵(1.5~3cm) 1장, 연유 2큰술, 버터 2큰술

1. 연유와 버터를 섞고 좋아하는 정도로 구운 식빵에 바른다.

Point

아래 사진은 식빵 절반에 말차를 뿌리고 나머지 절반에
밀크 크림을 발라서 하프 앤 하프로 만든 것이다.

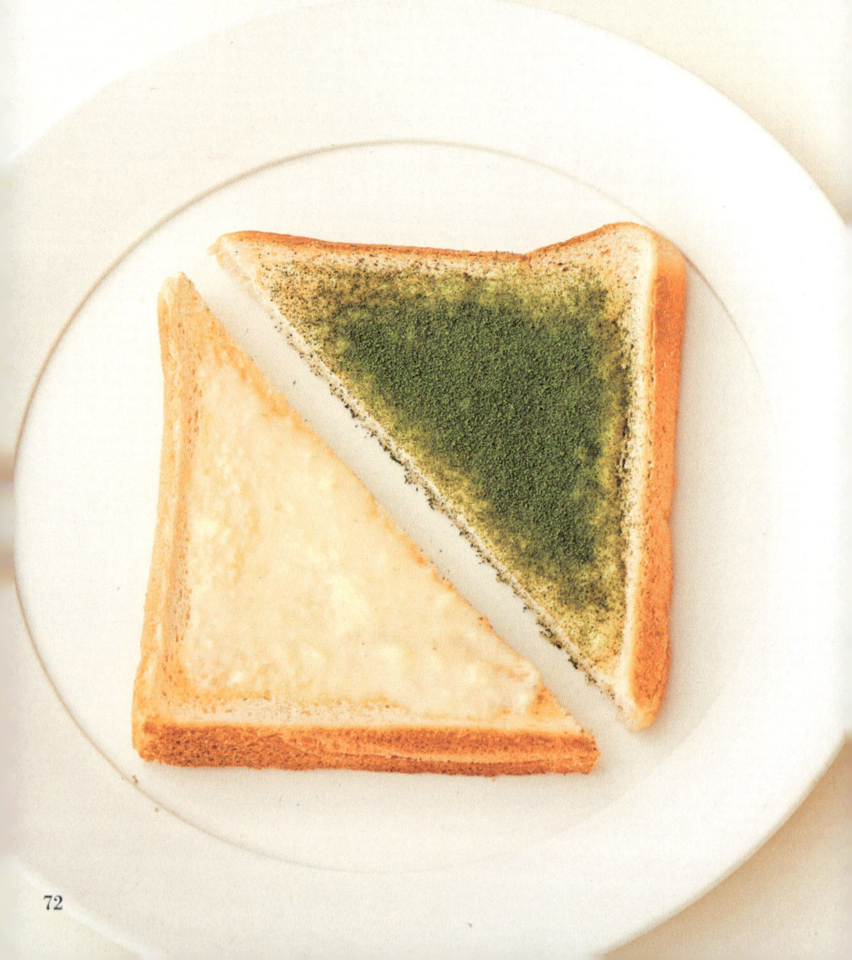

마법 52 바르다 | 레몬 커드

레몬 크림 맛으로, 영국에서는 애프터눈 티에
곁들여 먹는 일반적인 메뉴입니다.

재료
식빵(1.5~3cm) 1장, 레몬 1/2개, 달걀노른자 1개, 버터 25g,
그래뉴당 30g

1. 레몬즙과 달걀노른자, 버터, 그래뉴당을 섞어서 페이스트를 만든다.
2. 식빵에 페이스트를 바르고 녹을 때까지 식빵을 굽는다.

Point
달걀을 사용했기 때문에 냉장 보관이 필수이다. 따라서 페이스트는
10일 내로 사용하고, 많이 만든 경우에는 냉동 보관을 추천한다.

땅콩버터 젤리

미국에서는 이 땅콩버터 젤리 샌드위치*가
흔한 도시락 메뉴랍니다.

재료
식빵(2~3cm) 1장, 딸기 잼 적당량, 땅콩버터(무설탕) 적당량

1. 식빵 위에 땅콩버터를 바르고, 그 위에 딸기 잼을 겹쳐서 바른다.

Point
마멀레이드나 라즈베리 잼, 사과 잼도 좋다.

* 땅콩버터 젤리 샌드위치 : 미국에서 학생들이 점심에 간편하게 먹는 샌드위치로,
  식빵 1장에는 땅콩버터를 바르고, 다른 식빵 1장에는 잼이나 젤리를 발라서 두
  식빵을 겹쳐 먹는다.

암기 식빵

기억하고 싶은 게 있다면 슈퍼에서 파는 초콜릿 펜으로
도라에몽처럼 식빵에 적어서 먹어 볼까요?

재료
식빵(좋아하는 두께로) 1장, 초콜릿 펜 1개

1: 외우고 싶은 수식 같은 것을 초콜릿 펜으로 식빵에 적는다.

<u>Point</u>
그림을 그리거나 누군가에게 메시지를 적어 건네는 것도 즐거운 일이다.

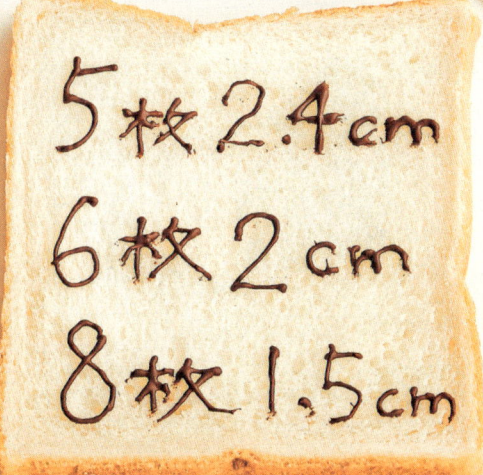

버터의 위력은 놀라울 따름이다. 버터 자체의 달콤함은 물론, 다른 재료들이 한데 섞이도록 기름 역할을 하면서 혀에 스며드는 맛을 미각 신경으로 이동시킨다. 버터는 미소된장과도 연유와도 잘 어울린다. 냉장고에 남은 자투리 재료를 버터와 섞어서 바르기만 해도 새로운 세계의 문이 열리는 것이다.

골고루 바른 버터 위에 명란을 올리면 시중에 파는 명란 바게트가 무색해진다(마법39). 다른 사람에게 자랑한 적이 있는데, "그야 당연하지. 명란젓은 비싸니까 빵집에서는 듬뿍 넣을 수가 없잖아."라는 말을 들었다. 진정한 맛은 집밥에 있는 것일지도 모른다.

5장

끼우는 마법

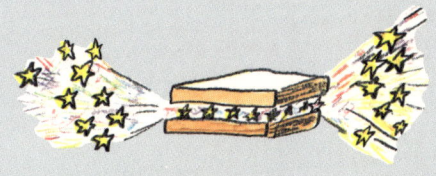

"마법학교 초대 교장인
샌드위치 백작에게 바칩니다."

렐리시 핫도그

케첩이 아닌 채소를 초절임해 다져 만든 렐리시로 핫도그를
만들어 먹으면 상큼하고 건강한 한 끼를 즐길 수 있어요.

재료
식빵(1.5~2cm) 1장, 소시지 1개, 양파(잘게 다진 것) 1/8개, 토마토(잘게
다진 것) 1/4개, 피클(잘게 다진 것) 적당량, 타바스코 소스 적당량

1. 1분 30초 정도 구운 식빵에 소시지를 구워서 끼운다.
2. 그 위에 다진 양파와 토마토, 피클을 올리고 타바스코 소스를 뿌린다.
3. 식빵을 반으로 접는다. 사진처럼 접히는 부분의 테두리를 잘라 내면
   식빵을 접기 쉬워진다.

Point
렐리시는 흘러넘칠 정도로 듬뿍 올리고 싶다. 피클 대신에
일본식 채소 절임인 쓰케모노로 만들어도 맛이 좋다.

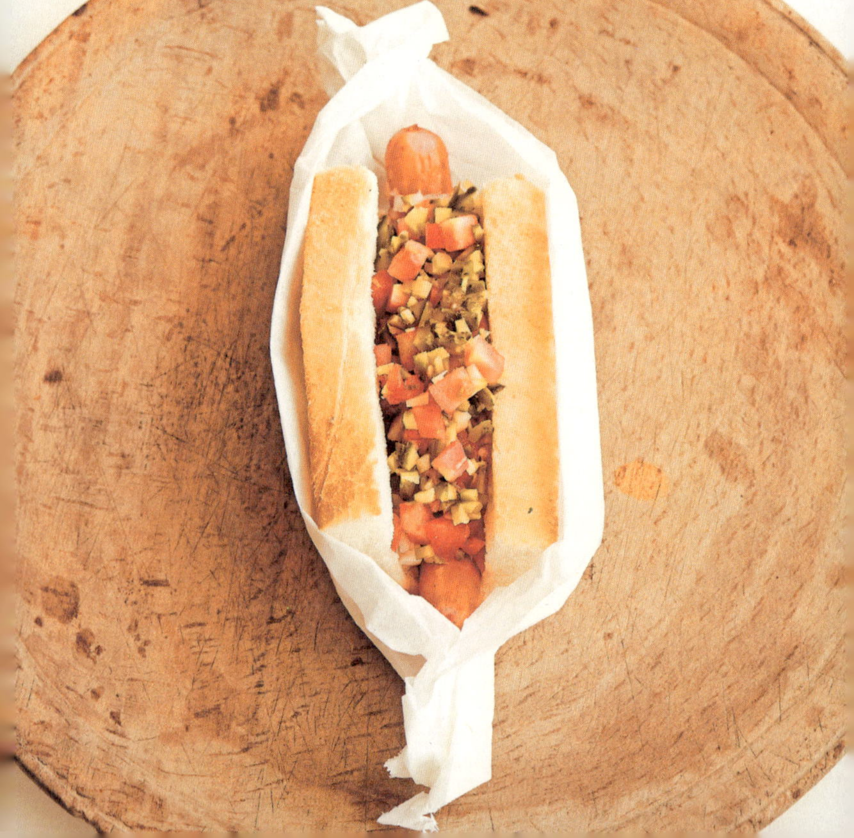

양상추 머스터드

간단히 만들 수 있는 머스터드 드레싱은
양상추가 끝도 없이 들어갈 정도로 맛깔스럽답니다.

재료

식빵(샌드위치용 또는 1.5cm) 2장, 양상추 3장, 홀그레인 머스터드
2작은술, 올리브 오일 3작은술, 화이트 와인 비니거 적당량

1. 머스터드와 올리브 오일, 화이트 와인 비니거를 섞어서
   드레싱을 만든다.
2. 손으로 찢은 양상추를 드레싱에 버무린 뒤 식빵 사이에 끼운다.

Point

채소를 듬뿍 넣으면 부족한 비타민을 맛있게 채울 수 있다. 나이프와 포크로
먹거나 랩으로 돌돌 말아서 먹으면 지저분하지 않고 깔끔하게 먹을 수 있다.

필리스 비프스테이크 샌드

얇게 저민 소고기와 볶은 양파를 식빵 사이에 끼워 먹는
필라델피아의 명물 요리랍니다.

재료

식빵(1.5~2cm) 1장, 얇게 저민 소고기(큼직하게 잘라도 가능) 50g,
체더치즈 적당량, 소금 적당량, 후추 적당량, 샐러드유 적당량

1. 샐러드유를 두른 프라이팬에 소금과 후추로 간을 한 소고기를 볶는다.
2. 볶은 소고기에 체더치즈를 넣고 살짝 섞어서 1분 정도 구운 식빵에
   올린 다음, 치즈가 녹을 때까지 오븐 토스터에서 1분 정도 굽는다.
3. 식빵을 반으로 접는다.

Point

식빵이 접히는 부분 뒷면에 칼집을 내면 어렵지 않게 접을 수 있다.

비프 버터 간장

버터와 간장의 달달하면서도 짭조름한 맛이
빵과 소고기 모두와 잘 어울려요.

재료
식빵(샌드위치용 또는 1.5cm) 2장, 얇게 저민 소고기(큼직하게 잘라도 가능)
50g, 차즈기 잎(채 썬 것) 2장, 버터 적당량, 간장 적당량

1. 프라이팬에 버터를 녹이고 얇게 저민 소고기를 볶는다.
   마지막에 간장을 넣는다.
2. 식빵을 1분에서 1분 30초 정도 굽고, 볶은 소고기와 차즈기 잎을
   빵 사이에 넣는다. 프라이팬에 남은 육즙을 뿌려서 마무리한다.

Point
취향대로 양파와 아스파라거스, 버섯 등을 넣거나 마늘 풍미로 만들어도 좋다.
버터는 많이 넣는 것이 맛있다.

마법
59
끼우다

고등어 감자 샌드위치

슈퍼에서 쉽게 살 수 있는 북유럽산 고등어 한 토막은
그만한 가치가 있답니다. 구워서 빵에 끼우기만 해도
든든한 한 끼가 완성돼요.

재료

식빵(1.5cm) 2장, 고등어 1토막, 소금 적당량, 감자 1/2개,
화이트 와인 비니거(레몬즙도 가능) 적당량

1. 고등어에 소금으로 간을 하고 가스레인지의 생선구이용 그릴이나
   프라이팬에서 굽는다.
2. 감자를 5mm 두께로 썰고 노릇하게 익을 때까지 오븐 토스터로 굽는다.
3. 식빵을 1분에서 1분 30초 정도 굽고, 구운 고등어와 감자를
   빵 사이에 넣은 뒤 화이트 와인 비니거를 두른다.

Point

감자는 프랑스 요리에서 고등어와 곁들여 먹는 식재료로 궁합이 무척 좋다.

82

마법 60 끼우다 김 샌드위치

도쿄 간다역의 카페 〈에이스〉에서 탄생한 샌드위치예요.
주인장의 어머니가 만들어 준 김 도시락에서 유래되었답니다.

재료
식빵(1.5cm) 4장, 김(1/4 크기로 자른 것) 2장, 간장 적당량

1. 식빵 4장을 일렬로 늘어놓은 다음, 아래 사진처럼 간장을 뿌린다.
2. 김을 끼운 샌드위치 두 세트를 2분 정도 굽는다.
3. 버터를 샌드위치 윗 부분에 각각 바르고, 바른 면끼리
   마주하게 포개서 대각선으로 4등분한다.

Point
사진처럼 간장을 뿌리면 간이 딱 맞다.

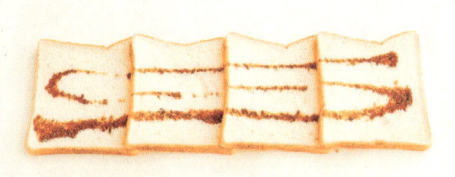

채소 무침 샌드위치

샌드위치를 채소 무침이나 절임으로 만들면
채소의 풍미가 어우러져서 산뜻한 맛이 더해져요.

재료

샌드위치용 식빵 4장, 단무지(채 썬 것) 적당량, 유채나물 무침*(잘게
다진 것) 적당량, 사워크림(없다면 마요네즈도 가능) 적당량

1. 샌드위치용 식빵 2장에 사워크림을 얇게 바른다.
2. 식빵 위에 채 썬 단무지를 깔고 나머지 식빵으로 덮는다. 잘게 다진
   유채나물 무침을 이용해 같은 방식으로 샌드위치를 만든다.

Point

사워크림 대신 마요네즈를 바를 때에는 아주 얇게 발라야 재료의 맛이
더욱 살아난다.

* 유채나물 무침 : 원서에는 '미부나'라는 교토에서 생산되는 유채과 채소를
절여서 사용했으나 국내에서는 생산되지 않아 유채나물 무침으로 대체하였다.

김치 샌드위치

오사카의 코리아타운인 쓰루하시에 있는 카페 〈록빌라〉의
레시피랍니다. 한국계 일본인 주인장 이와무라 에어코 씨의
고향인 한국의 맛이라고 할 수 있어요.

재료
둥근 식빵(1~1.5cm 또는 샌드위치용 식빵) 2장, 오이(얇게 슬라이스한 것) 8개,
햄 1장, 김치 적당량, 달걀 필링(삶은 달걀을 다져 마요네즈와 섞은 것) 적당
량, 버터 적당량, 마요네즈 적당량

1. 식빵 2장을 겹쳐서 1분 30초 정도 구운 다음, 식빵 1장에는 버터를
   바르고, 다른 식빵에는 마요네즈를 바른다.
2. 각 식빵 위에 오이를 4개씩 올리고, 한쪽에는 햄과 김치를,
   또 다른 한쪽에는 달걀 필링을 얹는다.
3. 식빵 테두리를 자른 뒤 4등분한다.

Point
뜻밖의 조화로운 맛으로, 김치의 매콤함과 감칠맛이 평범한 샌드위치의 맛을
특별하게 만들어 준다.

도라야키* 샌드위치

빵 덕후라면 무엇이든 빵 사이에 넣고 봐야겠지요.
식빵이 단팥의 달콤함을 부드럽게 감싼답니다.

재료

식빵(1.5cm) 2장, 도라야키 1개, 버터 적당량

1. 굽지 않은 식빵이나 좋아하는 정도로 구운 식빵에
   버터를 바르고 도라야키를 사이에 끼운다.

Point

만주 같은 과자를 넣을 수도 있다.

* 도리야키 : 일본의 전통 화과자로 밀가루와 달걀, 설탕을 섞어 만든 반죽을 둥글
  납작하게 구워 두 쪽을 맞붙인 사이에 팥소를 넣어 만든다. 국내에서는 백화점
  이나 인터넷을 통해 구입할 수 있다.

64 도라야키 팩

마법 · 끼우다

식빵 2장을 딱 붙여서 주머니처럼 만들고,
속에 단팥이나 잼, 카레 등 좋아하는 필링을 마음껏
채우면 먹는 재미가 쏠쏠하답니다.

재료
식빵(1.5cm) 2장, 달걀 1개, 단팥 50g, 크림치즈 적당량

1. 식빵 2장의 가운데를 둥근 틀로 찍어 내고, 식빵 1장에는 크림치즈를
   바른 뒤 단팥을 올린다.
2. 가장자리에 달걀 물을 바른 다음, 다른 식빵 1장을 올려서 딱 붙인다.
3. 식빵 표면에 달걀 물을 바르고 오븐 토스터에서
   노릇하게 익을 때까지 굽는다.

Point
틀로 찍어 내고 남은 자투리 식빵은 구운 다음 버터와 꿀을 발라서 맛있게 먹는다.

마법 65 끼우다

엘비스 프레슬리 핫 샌드위치

엘비스 프레슬리가 좋아했던 샌드위치예요.
미국식의 달콤한 맛이 입안을 감돌지만
설탕을 넣지 않아서 무척 건강하답니다.

재료
식빵(1.5cm) 2장, 베이컨 1장, 땅콩버터 적당량, 바나나 1송이,
치즈 1장(취향껏)

1. 테플론 가공 프라이팬에서 베이컨을 굽는다.
2. 식빵 1장에 땅콩버터를 바르고, 슬라이스한 바나나와 베이컨,
   치즈를 올린 뒤 다른 식빵 1장으로 덮는다.
3. 샌드위치를 나무 밀대로 평평하게 밀고,
   베이컨 기름이 남아 있는 프라이팬에서 굽는다.

Point

마법9처럼 샌드위치를 나무 밀대로 밀어서 프라이팬에서 구우면
샌드위치 전용 기구가 없어도 충분히 만들 수 있다.

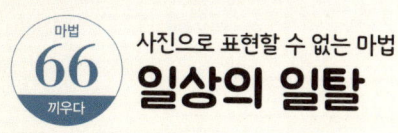
저처럼 철이 들었을 적부터 아침에 토스트를 먹는 생활이 반복되면 습관이라는 수레바퀴에서 빠져나오기 힘들고, 매일 같은 방식으로 먹게 됩니다.

때로는 우연치 않게 만들어 낸 레시피가 수레바퀴에서 자유롭게 해 줍니다. 예를 들면 빵을 너무 구워서 러스크처럼 바싹 마른 적이 있습니다. 그때 버석한 빵을 잘게 부수어 양상추와 토마토 위에 얹은 다음 올리브 오일과 소금을 뿌렸더니, 둘이 먹다 하나가 죽어도 모를 만큼 맛이 끝내줬습니다.

냄비 요리를 해서 쑥갓이 조금 남은 적이 있습니다. 올리브 오일을 두르고 프라이팬에서 볶아서 바짝 구운 베이컨과 함께 토스트에 얹어 먹었지요. 일본에는 유럽과 비교하면 향이 나는 채소가 적지만, 쑥갓을 넣었더니 입안에서 들판이 느껴질 만큼 그 향이 진하게 배어 있어서 베이컨처럼 기름진 음식과 찰떡궁합이었습니다. 쑥갓 대신에 무청으로도 만들 수 있어요. 재료를 아깝게 버리는 일 없이 싹싹 먹을 수 있다는 것은 기쁜 일입니다.

샌드위치는 빵과 재료의 균형을 맞추기 어렵다. 빵이 너무 두꺼우면 뻑뻑해서 싫다. 얇은 식빵에 재료를 듬뿍 넣으면 목이 메는 일은 줄지만, 빵 본연의 맛을 느끼지 못해 어딘가 부족한 느낌마저 든다. 두툼한 빵으로 만든다면 재료를 수북이 넣거나 맛을 강하게 할 필요가 있다. 하지만 샌드위치가 점점 두꺼워지면 먹기 불편하다. 두께 2cm의 식빵으로 샌드위치를 능숙하게 만들 줄 아는 사람은 요리를 참 잘하는 사람이라고 생각한다. 마법학교의 견습생이라면 재료를 많이 넣되 얇은 빵을 사용하는 것이 안전하다. 재료는 반드시 식빵의 끄트머리까지 채워 넣고 중심부는 쌓아 올릴수록 먹음직스러워진다. 식빵과 속재료가 분리되지 않도록 손으로 꾹 눌러서 압착하는 것이 중요하다.

6장

향긋한 마법

"딱 한 번 휘리릭,
향신료는 마법의 가루!"

스파이스 토스트 (타임)

그날 함께 먹는 요리와 잘 어울리는 향신료를
식빵에 솔솔 뿌려 주면 빵과 요리의
연결 고리가 더욱 튼튼해져요.

재료

식빵(1.5~2cm) 1장, 타임 적당량, 후추 적당량

1. 1분 30초에서 2분 정도 구운 식빵에 올리브
  오일을 뿌리고, 후추와 타임도 뿌린다.

Point

타임은 '생선의 향신료'라고 불리는 것처럼
생선의 비린내를 잡아 준다.

[참고 레시피]
아쿠아 파짜*

재료(4인분)

생선(본 레시피에서는 성대) 1마리, 바지락 10개, 마늘 1쪽, 셀러리 1개, 방울토마토 10개,
고수 2~3줄기, 화이트 와인 100cc, 소금 적당량, 후추 적당량, 올리브 오일 적당량

1. 생선은 내장을 제거해서 준비한다.
2. 냄비에 올리브 오일을 두른 뒤 생선을 넣고 그 주위에 나머지 재료를 전부 넣는다.
3. 냄비 뚜껑을 덮고 가열해서 끓어오르면 중약불로 줄인 뒤 10분 정도 익힌다.

* 아쿠아 파짜 : 이탈리아 캄파니아의 향토 요리로 토마토와 마늘, 올리브 오일에
  생선과 해산물을 조려서 만든다.

스파이스 토스트 (핑크 페퍼)

새우나 오렌지 같은 붉은 계열의 식재료를 핑크 페퍼가
더욱 돋보이게 만들어 줄 거예요.

재료
식빵(1.5~2cm) 1장, 핑크 페퍼(알갱이를 잘게 부순 것) 적당량, 타임 적당량

1. 1분 30초에서 2분 정도 구운 식빵에 올리브 오일을 뿌리고,
   핑크 페퍼와 타임도 뿌린다.

Point
핑크 페퍼의 붉은 알갱이가 음식을 화사하게 만들어 준다.
고기 요리나 샐러드 등에서 폭넓게 쓸 수 있다.

[참고 레시피]
새우 토마토와 오렌지 소테*

재료(4인분)
통새우 4마리, 방울토마토 10개, 오렌지 1개, 마늘 반 개, 남플라* 1작은술, 화이트 와인
비니거 2작은술, 소금 적당량, 후추 적당량, 타임(허브) 2줄기, 올리브 오일 적당량

1. 프라이팬에 마늘을 넣고 올리브 오일을 둘러 볶는다. 마늘 향이 풍기기 시작하면
   새우를 넣은 다음, 방울토마토와 오렌지를 뒤이어 넣는다.
2. 새우의 색깔이 변하면 뒤집고 남플라와 소금, 후추를 뿌린 다음, 타임 줄기를 올린다.
3. 마지막에 화이트 와인 비니거를 첨가한 다음 빠르게 익힌다.

* 소테 : 육류나 어류를 프라이팬이나 철판에 버터나 샐러드유를 두르고 볶는 요리 방법이다.
* 남플라 : 태국에서 쓰이는 발효 생선 소스이다.

듀카

마법
69
향긋하다

코리앤더와 견과류를 볶아 만든 듀카는 이집트에서 흔히 쓰는
조미료예요. 빵에 뿌리면 중동의 향기가 물씬 풍겨 나온답니다.

재료
식빵(1.5~2cm) 1장, 캐슈넛(잘게 부순 것) 1과 1/2작은술, 아몬드(잘게 부순
것) 1과 1/2작은술, 흰깨(가루로 만든 것) 3작은술, 흰깨(통으로 된 것) 1작은
술, 커민 1작은술, 코리앤더(고수 씨로 만든 향신료) 1작은술, 설탕 1자밤,
소금 2자밤

1. 캐슈넛과 아몬드, 흰깨, 커민, 코리앤더를 프라이팬에 볶는다.
2. 설탕과 소금을 더해 보관한다.
3. 식빵에 올리브 오일과 듀카를 뿌린 뒤 좋아하는 정도로 굽는다.

Point
듀카는 튀김 요리의 조미료, 샐러드 토핑, 파스타 등 응용할 방법이 얼마든지 있다.

마법 **70** 향긋하다

로즈메리 허니

로즈메리는 고기의 잡내를 없애는 향신료로 연상되지만,
달콤하게 만들면 매력이 배가 된답니다.

재료
식빵(1.5~2cm) 1장, 꿀 적당량, 로즈메리(타임이나 코리앤더도 가능)
적당량, 올리브 오일 적당량(취향껏)

1. 식빵에 꿀을 바르고 로즈메리를 솔솔 뿌린다.
2. 오븐 토스터로 식빵을 1분 30초에서 2분 정도 굽는다.

Point
로즈메리는 불로 익히면 향이 더욱 풍부해지지만 쓴맛이 나기 쉬우므로
타지 않도록 주의한다.

시나몬 롤

식빵에 시나몬 슈거를 발라서 둘둘 말면
홈베이킹 시나몬 롤이 완성되어요.

재료

식빵(1.5cm) 1장, 크림치즈 1큰술, 시나몬 가루 1/2큰술, 설탕 1큰술

1. 크림치즈와 시나몬 가루, 설탕을 한데 섞어서 식빵에 바른다.
2. 식빵 테두리를 잘라 내고 둘둘 말아 준다.
3. 둥글게 만 식빵을 3등분하고 오븐 토스터에서 2분 정도 굽는다.

Point

크림치즈가 없는 경우에는 버터로 대체한다. 버터는 크림치즈만큼의 접착력이
없으므로 끄트머리에 달걀 물을 바르거나 이쑤시개로 고정한다.

마법
72
향긋하다

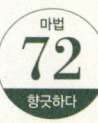

훈제 아이스크림

어느 바의 사장님이 여러 가지 재료를 닥치는 대로
훈제해 본 끝에 가장 추천하는 디저트가 되었다고 해요.
연기의 힘으로 아이스크림이 맛있어집니다.

재료

식빵(1.5~2cm) 1장, 딸기 5개, 바닐라 아이스크림 1개, 코냑(브랜디) 적당량

1. 딸기를 5분 정도 훈제한다. 손으로 만졌을 때 뜨거우면 딱 좋은 상태이다.
2. 딸기를 식히고 잘게 다져 코냑을 몇 방울 떨어뜨린 다음, 살짝 녹은 바닐라 아이스크림과 섞어서 다시 얼린다.
3. 1분에서 1분 30초 정도 식빵을 굽고, 식빵이 식으면 아이스크림과 함께 나란히 놓는다.

Point

감이나 바나나, 석류로 만들어도 맛있다. 생각보다 아이스크림에 스모크한 향이 잘 배어 있다. 밤에 즐기기 좋은 디저트 빵이다.

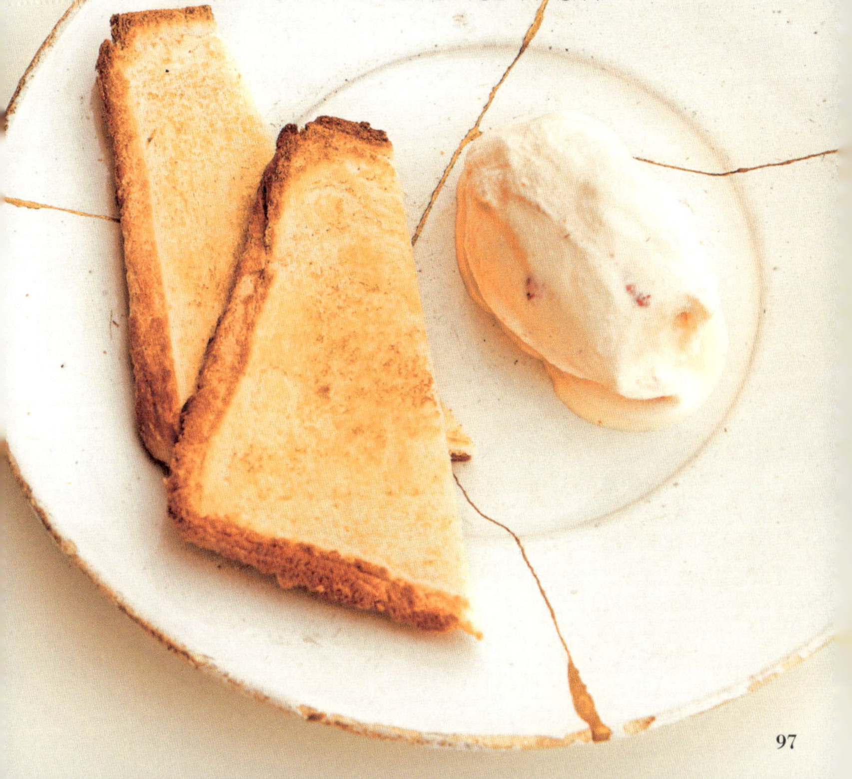

갑자기 인도 카레에 꽂혀서 이것저것 향신료를 사 모은 적이 있다. 그 후로 미처 다 쓰지 못한 향신료가 잔뜩 쌓였다. 생각난 김에 그냥 빵에 뿌렸더니 무척 맛있었다. 뿌리기만 하면 되니까 하나도 힘들지 않다.

오레가노는 토마토와 궁합이 좋다. 깊이가 완전히 달라진다. 타임은 '생선의 향신료'라고 불린다. 생선 비린내를 잡아 주며 와인 생각이 간절해진다. 타임을 산초로 바꾸면 이번에는 밥이 먹고 싶어지니 참 희한한 일이다. 핑크 페퍼는 비밀 병기나 마찬가지이다. 요리가 완성되었을 때 정성스럽게 뿌리면 손님용으로도 손색이 없다. 딜은 감자에 뿌리면 단맛이 풍부해지고, 연어에 뿌리면 북유럽풍이 된다.

7장

적시는 마법
말리는 마법

" 적시거나 말려서 먹어도 맛있어요.
변화무쌍한 식빵의 세계! "

토마토 수프

프랑스에서는 오래전부터 즐겨 먹던 요리예요.
걸쭉함이 살아 있는 부드러운 수프랍니다.

재료
식빵(1.5cm) 1장(두께 2~3cm는 1/2장), 토마토(껍질을 벗겨서 숭덩숭덩 썬 것)
1개, 물 250cc, 버터 15g, 파슬리 적당량, 오레가노 적당량, 후추 취향
껏, 생크림 취향껏

1. 프라이팬을 달군 뒤 버터를 녹이고, 식빵 양면이 타지 않도록
   1분 30초 정도 굽는다.
2. 구운 식빵에 물과 토마토를 넣고 우르르 끓인 다음,
   약불에서 10분 정도 푹 끓인다.
3. 생크림을 첨가하여 믹서로 간 다음, 파슬리와 오레가노를 뿌린다.

Point
빵에 따라서 발효 향이 거슬릴 수도 있으므로 향신료가 꼭 필요하다.

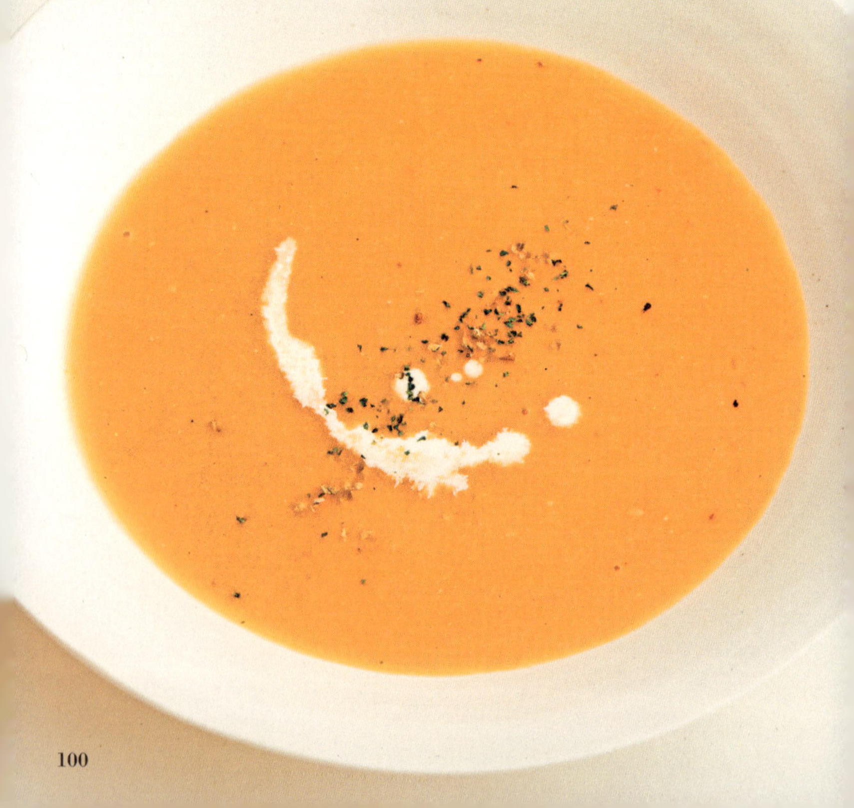

스튜 박스

빵 속에 스튜 대신 카레를 넣거나 미트 소스와
바질 소스를 치즈와 함께 넣는 것도 좋은 방법이에요.

재료
통식빵 1/2개, 스튜 적당량, 슬라이스 치즈 1장

1. 통식빵을 반으로 자르고, 식빵 속을 파서 공간을 만든다.
2. 스튜를 뜨거운 상태로 식빵의 빈 공간에 넣고 위에 치즈를 얹는다.
3. 치즈가 녹을 때까지 식빵을 오븐 토스터에서 굽는다.

Point

식빵 높이 때문에 열원과 가까워서 속이 채 데워지기도 전에 윗면이 타 버리기
쉽다. 알루미늄 포일로 감싸거나 온도 조절을 하는 등 타지 않도록 주의한다.

폭신폭신 프렌치토스트

하루 동안 달걀 물에 식빵을 담가 두면 폭신폭신하고
보들보들한 프렌치토스트가 완성된답니다.

재료
식빵(3cm) 2장, 달걀 3개, 우유 200cc, 설탕 30g, 바닐라 에센스
적당량, 버터 적당량, 메이플시럽 적당량(취향껏), 잼 적당량(취향껏)

1. 달걀과 우유, 설탕, 바닐라 에센스를 섞어서 달걀 물을 만들고,
   식빵의 한쪽 면만 달걀 물에 12시간 푹 재워 놓는다.
2. 프라이팬에 버터를 넣고 달걀 물에 재워 둔 식빵을 굽는다. 약불에서
   뚜껑을 덮고 양면 합해서 15분 동안 천천히 굽는다. 먹음직스럽게 노
   릇해지면 완성.

Point
시럽이나 잼이 아닌 마법40의 미소된장 버터를 바르고,
잘게 썬 채소를 곁들이면 든든한 한 끼 식사가 된다.

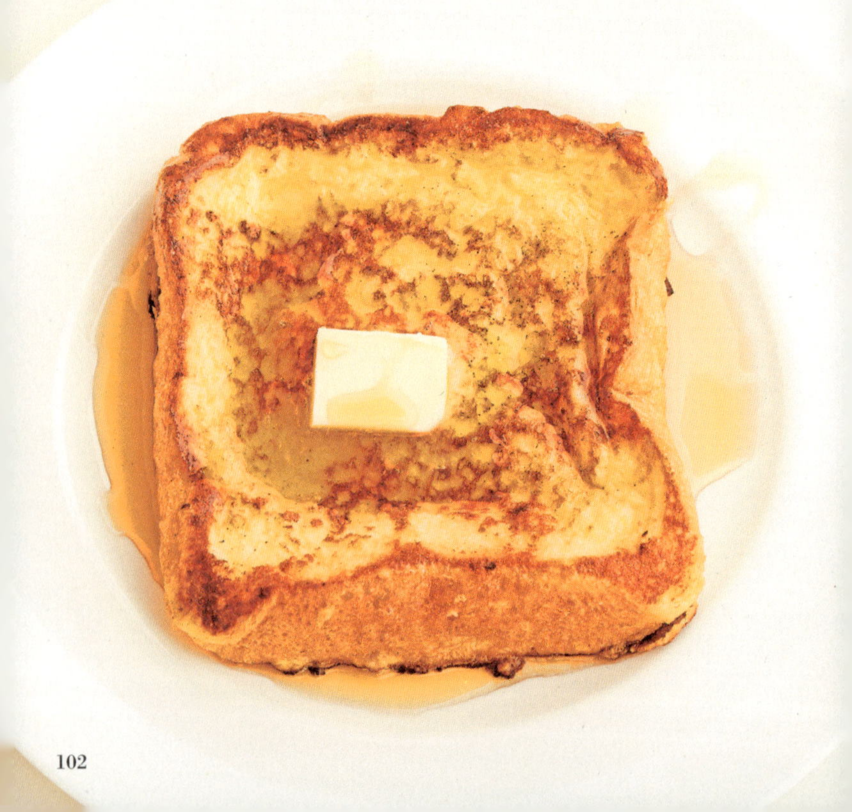

티라미수

원래 쿠키인 비스코티를 사용하지만 식빵으로 만들어 보세요.
커스터드 크림이 없어도 마스카르포네 하나면 충분하답니다.

재료

식빵(1.5cm) 1장, 에스프레소(진하게 내린 원두 커피도 가능) 20cc, 마스카르
포네 50g, 그래뉴당 1큰술, 코코아 가루 1작은술, 커피 리큐어(럼주도 가능)
취향껏

1. 테두리를 자른 식빵에 에스프레소와 커피 리큐어를 섞은 것을
   부어서 적신다.
2. 젖은 식빵에 마스카르포네를 바르고, 반으로 잘라서 2단으로 겹친다.
3. 코코아 가루와 그래뉴당을 섞어서 차 거름망을 이용하여 식빵 위에
   뿌린다.

Point

에스프레소나 원두 커피가 없다면 인스턴트 커피를 대신 사용해도 좋다.

마법
77
말리다

러스크 (블랙 페퍼와 파르메산 치즈)

러스크는 보존성이 뛰어나기 때문에 자투리 식빵으로
만들어 두면 빵이 없을 때 제 몫을 톡톡히 해낸답니다.

재료
식빵(1.5~3cm) 1장, 올리브 오일 적당량, 파르메산 치즈 적당량,
후추 적당량

1. 올리브 오일을 식빵에 바르고, 파르메산 치즈와 후추를 뿌린다.
2. 알루미늄 포일로 감싼 식빵을 오븐 토스터에 넣은 다음 10분 정도
   굽는다. 식빵에 수분이 충분히 날아갔다면 포일을 떼어 낸 뒤 노릇
   해질 때까지 1분 정도 더 굽는다.

Point
오븐 토스터 안의 식빵이 마르면 눈 깜짝할 새에 타 버린다. 마지막 단계에서는
오븐 토스터를 살피면서 자신이 좋아하는 굽기 정도가 될 때까지 유심히 지켜봐
야 한다.

마법
78
말리다

러스크 (파슬리와 갈릭 버터)

러스크는 그대로 먹어도 좋고 네모난 크루통*으로
만들어도 좋아요. 본 레시피에서는 샐러드에 올려 보았습니다.

재료

식빵(1.5~3cm) 1장, 버터 20g, 마늘 1/2개, 파슬리 적당량

1. 마늘을 다져서 버터와 섞는다.
2. 식빵 양면에 마늘을 섞은 버터를 바르고 파슬리를 뿌린다.
3. 식빵을 오븐 토스터에 넣고 알루미늄 포일로 덮은 다음 10분 정도
   굽는다. 식빵에 수분이 충분히 날아갔다면 포일을 떼어 낸 뒤 노릇해
   질 때까지 1분 정도 더 굽는다.

Point

상온에 식빵을 둔 지 오래되어 식빵이 말라 버렸다면 오히려 절호의 기회이다.
식빵이 건조하면 러스크를 만들기가 쉽기 때문이다.

*크루통 : 프랑스어로 '빵 껍질'을 뜻하며 식빵을 작게 조각 내 기름에 튀기거나
 식빵을 구운 뒤 버터를 발라 조각 낸 음식으로, 샐러드나 수프에 곁들여 먹는다.

마법
79
말리다

비스코티 토스트

'비스코티'는 이탈리아어로 두 번 구웠다는 뜻이에요.
비스킷 대신 식빵을 두 번 구워서 비스코티를 만들어 보세요.

재료
식빵(2.5~3cm) 1장, 꿀 적당량, 올스파이스*(육두구나 정향도 가능) 적당량,
커민 적당량, 코리앤더 적당량, 카다멈* 적당량, 시나몬 가루 적당량

1. 식빵을 알루미늄 포일로 감싼 뒤 오븐 토스터에 넣고 10분 정도
   구우면서 수분을 뺀다.
2. 구운 식빵에 올스파이스와 커민, 코리앤더, 카다멈, 시나몬 가루를
   뿌리고 꿀을 바른다.
3. 포일은 벗기지 말고 식빵이 노릇해질 때까지 오븐 토스터에서
   1분 정도 더 굽는다.

Point
다양한 향신료를 넣어서 독일식 과일 케이크인 슈톨렌 같은 풍미를 더했다.
바삭바삭한 식감이 생명이라 할 수 있다.

* 올스파이스 : 시나몬 가루, 정향, 넛맥 등이 혼합된 것 같은 향이 나기 때문에
  '올스파이스'로 불리며, 주로 자메이카에서 생산되는 향신료이다.
* 카다멈 : 생강과에 속하는 식물의 씨앗에서 채취한 향신료로 과자나 빵, 피클을
  만들 때 사용된다.

마법 80 말리다

빵가루

생 빵가루는 전용 기계가 없더라도 가정용 믹서로 금세 만들 수 있어요. 이 생 빵가루로 튀김을 만들어서 샌드위치로 만들어 먹으면 더욱 고소한 맛을 즐길 수 있답니다.

재료

식빵(두께 상관없음) 1장

1. 믹서로 식빵을 잘게 분쇄한다.

Point

믹서가 잘 안 돌아갈 때에는 식빵을 조금씩 떼어 넣는다.
믹서 용기에 손을 넣을 때에는 반드시 전원을 끈다.

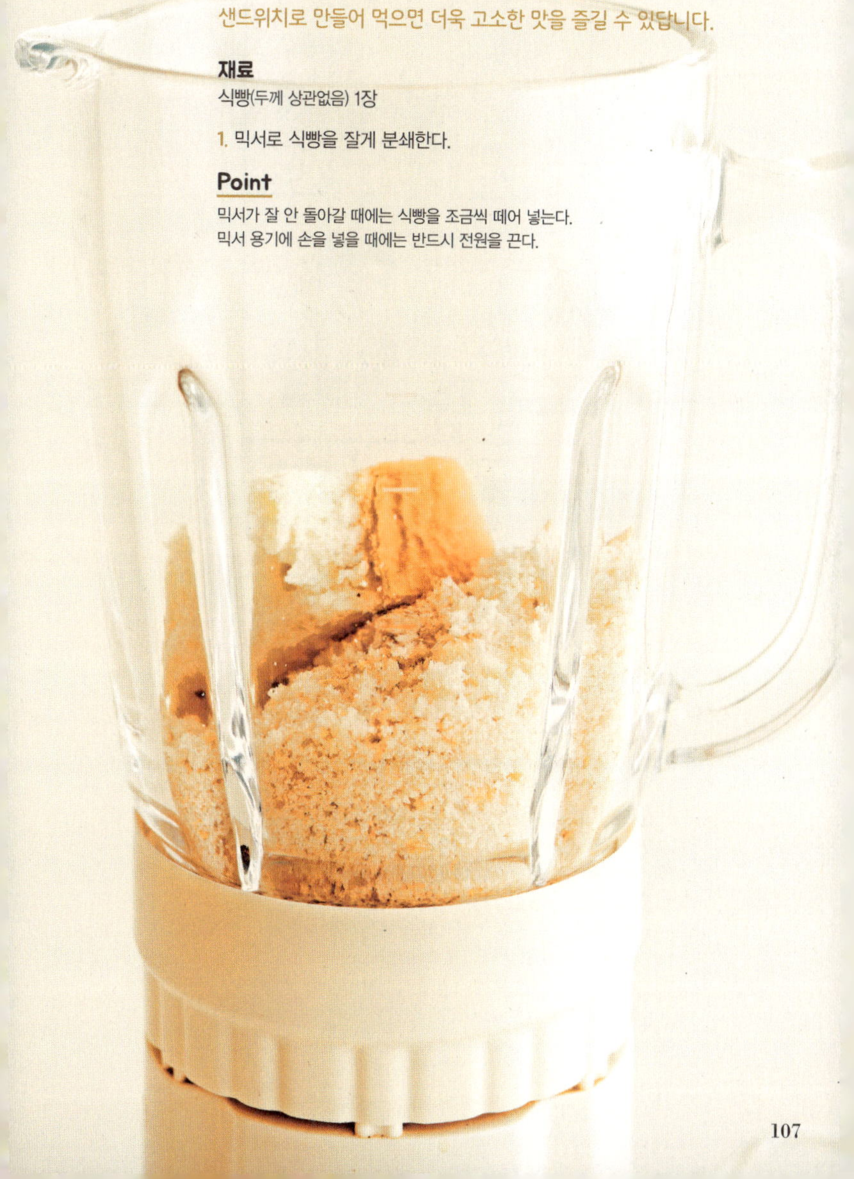

러스크를 만들면 본연의 빵 맛이 없어지기 때문에 거부감이 들었다. 하지만 직접 오븐을 사용해서 만들어 보니 무언가를 완성해 낸다는 성취감도 있고 즐거웠다. 처음에는 몇 번이나 통째로 태워 버렸다. 가만히 기다려 봤자 어차피 시간이 걸리니까 다른 일에 눈을 돌렸더니 금세 타고 말았다. 그 이유는 빵에서 수분이 빠질 때까지는 시간이 다소 걸리지만, 수분이 다 빠지고 나면 그때부터 타기까지의 시간은 무척 짧기 때문이다.

오븐 토스터 속을 살펴보고 있으면 순식간에 표정이 바뀌어 간다. '지금이다' 하는 순간에 꺼내면 넋을 놓아 버릴 정도의 행복한 표정을 짓게 된다. 하지만 그 순간을 놓치면 돌이킬 수 없기 때문에 스릴 만점이기도 하다.

aosan (아오산)

아이들이 뛰어 노는 모습이 끊이지 않는 공원 앞에 위치하며,
각진 식빵을 사려는 사람들의 긴 줄을 볼 수 있는 빵집.

바나나
커스터드

검은콩 빵

식빵으로
유명하다고
들었지만……

소문 이상이군.
어떤 빵도
맛있어 보여.
아이들에게 인기
폭발이잖아.

방랑하는
크로크무슈씨

마법 **81** 마법 **82** 특집

만화 · 호리 미치히로
글 · 이케다 히로아키

각진
식빵이요?

정말 죄송하지만
각진 식빵은 지금
다 팔려서요.

뜨헉!

저……, 예약도 가능하긴 한데
한 달 하고도 보름은 기다리셔야 해요.
오픈 시간에는 있으니까 아침에
오시면 괜찮을 거예요. 일찌감치
줄 서시는 분들이
많아서……

……

좋아,
내일 와야겠군!

다음 날

오픈하겠습니다.

어디 있죠?

방금 다 팔렸네요. 죄송합니다.

줄까지 섰는데!

ㅋ~헉!

좋아, 기왕 이렇게 된 거 내일을 위해 일등으로 줄 설 테다.

텐트 →

※ 텐트 안

바나나 커스터드 ↓

우물 우물

이야, 아이들이 좋아할 만한 귀여운 맛이네! 돌돌 말린 생지는 탱글탱글하고!

띵!

커스터드로 젖은 부분은 촉촉하고, 달콤한 생지와 커스터드의 조합은 우유보다 더 부드럽게 입안에서 맴돌잖아!

이 맛은 마치 커스터드와 바나나가 놀이터에서 뛰어 노는 것 같군!

커스터드

어쩌다 바나나를 깨물면 잘 익은 바나나의 향까지 더해지네!

바나나

베샤멜 소스

사르르~

빙글빙글 회오리 미끄럼틀을 함께 내려가는 듯한 황홀함!

?

빵집 앞에서 묵다니 완전 최고잖아!

드르륵

으악!

앗, 안에 사람이 있었네.

죄, 죄송합니다 ……

아니! 혹시 바나나 커스터드를 만든 오쿠다 씨 아닌가요?

사장님하고 함께 만들고 있어요~

무슨 일 있어?

덥석

앗!

가루투성이

일하고 계셨나요?

각진 식빵을 반죽하고 있었어요.

보여 줘요, 보여 줘!

지금 재료를 넣고 섞고 있는 거예요.

아하, 이게 내일 각진 식빵이 되는 거군요.

아뇨, 내일 각진 식빵이 되는 건 이쪽이에요.

지금 믹싱한 건 내일 모레 판매될 거예요.

이럴 수가! 그럼 사흘이나 걸린다는 소리예요?

엥, 무슨 말이죠?

*수종 : 액체로 만드는 효모

냉장고에서 장시간 발효시키고 있거든요.

첫날 수종* 만들기　　이틀째 반죽하기　　사흘째 굽기

113

이틀 만에도 만들 수는 있어요. 하지만 사흘에 걸쳐서 만들면 또 다른 맛이 나거든요.

주르륵

내일이 기다려지네요.

어떻게 여기서 빵집을 하게 되었나요?

빵 가게에서 일을 배울 때 밀가루 알레르기가 생겼어요.

콜록

콜록

빵 가게 일을 계속할 수 없어서 다른 일을 시작했죠.

먹고 살려고 몇 년 동안 트럭도 몰아 봤고요.

하지만 전 계속 과자나 빵을 만들었던 사람이잖아요. 다른 일은 할 수 없더라고요.

그때 전 집에서 빵을 구워서 팔고 있었어요.

어느 날 마음을 단단히 먹고 아내한테 말했어요. 빵집 차릴까?

정말? 신난다!

빵집은 두 분이 간절히 원하던 꿈이나 마찬가지였군요.

와!

야호!

언젠가 이 공원 앞을 지나간 적이 있는데요……

114

우연히 상가 건물을 발견했어요.

빈점포

아직 어렸던 딸의 이름인 '아오'를 따서, '아오산(aosan)'이라고 이름을 붙인 겁니다.

우리 둘 다 한밤중에 일하러 나가니까 딸이 서운해 하는 거예요.

밀가루 알레르기는 다 나으셨어요?

가게를 시작하니까 또 증상이 심해지더라고요.

일하는 도중에 쓰러졌던 적도 있어요.

쿨럭

쿨럭

다행히도 알레르기 전문의한테 받은 약이 효과가 있어서 지금은 그걸 먹으면서 일하고 있습니다.

다행이네요.

그럼 전 빵을 먹으면서 잘게요.

안녕히 주무세요.

115

다음 날

！

킁

킁

이건!

화들짝!

향기로운
브랜디
냄새!

자가 배양한
발효종으로
오랫동안
구운 냄새야!

엄마, 맛있는
냄새가 나.

안녕하세요!

안녕하세요.

오픈 준비
중인 건가?

띵!

질질

단순하지만 무척 맛있을 것 같은 한 끼다! 분명 빵이 맛있으니까 그렇겠지!

오픈 시간이에요!

내, 내 식빵!

훽!

잔돈이요!

부스럭

부스럭

아, 개운한 느낌이야. 아주 산뜻한 향이군!

스읍하

스읍하

이 공원에서 먹고 싶었다고!

덥석

후읍~

착!

어쩜 이렇게 식감이 부드러울 수가 있지.

가볍고 탱글탱글하고 말이야.

우와, 점점 입안에서 살살 녹네! 씹는 게 아니라 부드러운 음료를 마시는 것 같구만!

강이다! 밀가루 강에서 래프팅을 하고 있어!

식감도 식감이지만, 이 풍미는 또 뭐람. 가게 앞에 풍겼던 브랜디처럼 취할 것 같은 향기야. 사흘 동안의 숙성으로 만들어진 선물이군.

재잘재잘

와르르

응? 오쿠다 씨 옆에 있는 사람이 따님인가? 가족도 점원도 도란도란 행복해 보이네~

아이와 엄마, 마을 사람들에게 사랑받는 빵집이라……. 그 중심은 역시 사랑이었군.

아이들도 군침을 삼킬 정도의 빵을 만들고 싶다는 손님 사랑

오쿠다 씨 가족의 사랑

즐거워 보이는 스태프들

그게 아오산의 빵이 사랑받는 비결이겠지.

지그시~

헉!

잘 먹었습니다~!

비틀

비틀

끝

아오산(aosan) / 도쿄도 조후시 센가와초 1-3-5, 03-5313-0787, 12:00~18:00(일요일, 월요일 휴무)

8장

장인의 마법

I 쓰키지 - 아이요

도쿄 쓰키지 시장 안에 있는 찻집 〈아이요〉는 시장 사람들이 일하는 도중에 틈틈이 들러서 잠시 숨을 돌리는 곳입니다. 단골이 자리에 앉으면 따로 주문하지 않아도 좋아하는 토스트를 내어 줍니다. 그 레시피는 셀 수 없을 정도입니다. 쓰키지에서는 누구나 마법을 사용하는 셈입니다.

83 하프
버터와 잼의 하프 앤 하프

84 오쿠다
요리 장식품을 파는 가게 오쿠다의 주인은
잼 샌드위치를 먹는다.

85 오오이와
이 생선 중매인은 손이
더러워도 먹기 편하도
록 식빵을 작게 조각내
서 이쑤시개를 꽂는다.

원 플레이트
버터와 잼을 식빵에 각각 바르기

표준
버터를 발라서 가로로 자르기

마법
87

야마모토 이치리키
이 시대 소설가는 버터를 바른
다음 설탕을 뿌리는 '설탕 이불'
을 먹는다.

토스트라는 우주

스즈키 겐조 씨가 졸업 후 〈아이요〉에서 일을 시작한 지 벌써 50년이나 되었습니다. 하는 일은 그저 커피를 끓이고 식빵을 굽는 것입니다. 단순한 작업이지만 식빵 두 쪽을 겹치는 것만으로 깊이가 더해집니다.

단골손님이 자리에 앉으면 아무런 말을 하지 않아도 항상 먹던 메뉴가 나옵니다. 커피가 블랙인지, 우유를 넣을지 같은 수준이 아닙니다. 버터나 잼을 바른다면 듬뿍 바를지 얇게 바를지, 전체에 바를지 부분석으로 바를지, 이러한 선택 사항들을 손님 한 명 한 명의 입맛대로 맞추기 시작하면 조합은 무궁무진해집니다. 토스트란 우주나 마찬가지이지요.

프랜차이즈 카페나 캔 커피도 없던 찻집의 황금시대가 있었습니다. 자주 방문하는 단골손님들의 사소한 취향을 스즈키 씨는 모두 기억하고 있습니다. 당시뿐만이 아니라 현재에 이르러서도 말입니다.

"20, 30년 만에 온 손님이라도 기억해 드리면 기뻐해 주시더군요. 상당히 오래된 기억이지요. 어제 일은 뒤돌아서면 까먹지만요(웃음)."

"대체 몇 명의 레시피를 기억하고 있는 건가요?" 그렇게 묻자 스즈키 씨는 대답하지 못하고 가만히 동작을 멈췄습니다. 셀 수 없을 정도임에 분명합니다.

도쿄도 주오구 쓰키지 5-2-1 쓰키지 시장 6호관
03-3541-2140, 3:30~12:30(일요일, 공휴일, 시장 휴일 휴무)

도쿄도 시부야구 가미야마초 42-2
03-6407-0069, 9:00~19:00(월요일 휴무)

Ⅱ CAMELBACK sandwich&espresso

유명한 베이커리의 세 가지 바게트와 각각에 맞는 재료로 샌드위치를 제공하는
〈카멜백〉. 원래 초밥 장인이기도 한 나루세 하야토 씨의 손 기술과 감성에는 분
명 초밥의 전통이 살아 숨 쉬고 있습니다. 이 책을 위해 원래 레시피인 바게트
를 식빵으로 바꿔서 먹는 방법을 제안해 주었습니다.

CAMELBACK sandwich&espresso

우메시소큐리* 샌드위치

초밥집에서 만날 수 있는 반가운 메뉴이지요.
가지런히 썰린 오이가 뭉텅이로 씹히는 식감은
초밥 장인의 뛰어난 기량을 느끼게 해 줍니다.

재료
둥근 식빵(2cm) 2장, 매실 페이스트(절인 매실의 씨앗은 빼내고 칼로 잘게 다진 것)
적당량, 차즈기 잎 3장, 오이(채 썬 것) 1개, 이부리갓코*(채 썬 것) 적당량, 마구로
부시* 적당량, 참깨 조금

1. 1분 30초 정도 구운 식빵에 매실 페이스트를 바른다.
2. 그 위에 차즈기 잎 3장과 오이를 얹고, 이부리갓코와 마구로부시를
   올린 다음, 참깨를 뿌린다.
3. 나머지 식빵을 겹친다.

* 우메시소큐리 : 매실과 차즈기 잎을 곱게 으깨어 오이와 함께 김으로 말아서 먹는
  초밥이다.
* 이부리갓코 : 무를 훈제하여 쌀겨와 소금에 절인 일본 특유의 채소 절임이다.
* 마구로부시 : 참치의 살을 가다랑어포와 같은 방식으로 제조한 것이다.

CAMELBACK sandwich&espresso

아귀 간 페이스트

아귀 간 술찜은 일품이지요. 빵에 바르기에는 간이나 내장 등을
갈아서 만든 파테보다 훨씬 부드럽답니다.

재료
둥근 식빵(2cm) 1장, 아귀 간 술찜(만드는 방법은 아래 참조) 적당량, 어간장
적당량, 생 햄(큼직하게 썬 것) 적당량, 말린 토마토 적당량, 딜(생 허브) 적당량

1. 아귀 간 술찜에 어간장을 섞고, 1분 30초 정도 구운 식빵에 바른다.
2. 그 위에 생 햄과 말린 토마토를 듬성듬성 얹은 다음, 딜을 올린다.

[참고 레시피]
아귀 간 술찜

1. 아귀 간의 얇은 껍질과 핏줄을 칼로 벗기듯이 제거한 다음, 바닷물과 비슷한
   염도 3% 정도의 소금물로 씻는다.
2. 접시에 소금물로 씻은 아귀 간을 넣고 절반이 잠길 정도로 청주를 부은 다음,
   소금을 꼼꼼히 뿌린다.
3. 찜기에 아귀 간을 넣고 20분간 강불에서 찐다. 붙은 아귀 간의 크기에 따라
   조절한다. 불을 끄고 잔열로 10분 동안 뜸을 들인다.
4. 아귀 간의 열이 다 식었으면 칼로 다져서 페이스트로 만든다.

CAMELBACK sandwich&espresso

마법 90 두부 페이스트, 서양 배와 무화과

미국에서 두부는 TOFU로 표기하며 보통 크림치즈 대신에 발라 먹어요.
채식주의자도 먹을 수 있는 식물성 치즈인 셈이지요.

재료
둥근 식빵(2cm) 1장, 두부 페이스트(만드는 방법은 아래 참조) 적당량,
서양 배 적당량, 말린 무화과 적당량, 핑크 페퍼 적당량

1. 1분 30초 정도 구운 식빵에 두부 페이스트를 바른다.
2. 그 위에 썰어 놓은 서양 배와 말린 무화과를 얹고, 핑크 페퍼를 뿌린다.

[참고 레시피]
두부 페이스트

1. 연두부를 소쿠리에 담아 냉장고에 넣고 하룻밤 동안 물기를 뺀다.
2. 연두부에 소금과 레몬즙, 캐슈넛, 꿀, 커민, 말린 펜넬, 말린 타임을 넣어
   믹서기로 섞는다.

Point
두부 페이스트는 말린 토마토와 당근 샐러드, 딜, 고기, 과일까지 뭐든 잘 어울린다.

CAMELBACK sandwich&espresso

럼 초콜릿과 블루치즈

두 가지의 씁쓰레한 맛이 입안에 사르르 퍼져서 조화로워요.
'블루치즈에는 꿀'이라는 상식을 깨 버리는 레시피랍니다.

재료

둥근 식빵(2cm) 1장, 블루치즈(잘게 부순 것) 적당량, 럼 초콜릿
(잘게 부순 것, 다크 초콜릿도 가능) 적당량, 유자 껍질 적당량

1. 1분 30초 정도 구운 식빵에 블루치즈와 럼 초콜릿을 얹는다.
2. 유자 껍질을 갈아서 뿌린다.

Point

초콜릿을 우엉으로 바꿔도 맛있는데 그때에는 유자를 올리지 않는다.

9장

그 밖의 마법

"이 자잘한 기술을 사용할 줄 안다면
당신도 이제 마법학교 우등생이에요."

종이 포일로 감싸기

두툼한 샌드위치는 햄버거 포장지가 없으면 먹기 힘들지만,
대신 종이 포일 하나면 충분해요.

[참고 레시피]
데리야키 치킨 샌드위치

재료
식빵(1.5~2cm) 2장, 닭 다리 살 1개, 참기름 적당량, 간장 1과 1/2큰술,
청주 1과 1/2큰술, 비정제 설탕 2큰술, 양상추 1장, 고수 2줄기, 마요네
즈 적당량(취향껏)

1. 프라이팬에 참기름을 두르고, 닭 다리 살을 껍질 부분부터 굽는다.
   껍질이 노릇하게 익으면 뒤집어서 굽는다.
2. 비정제 설탕과 청주, 간장 순으로 넣고 광택이 날 때까지 굽는다.
3. 구운 식빵에 마요네즈를 얇게 바르고, 양상추와 고수,
   구운 닭 다리 살을 순서대로 올린 다음, 나머지 식빵을 겹친다.

Point
그대로 절반을 자르면 먹기 쉽다.

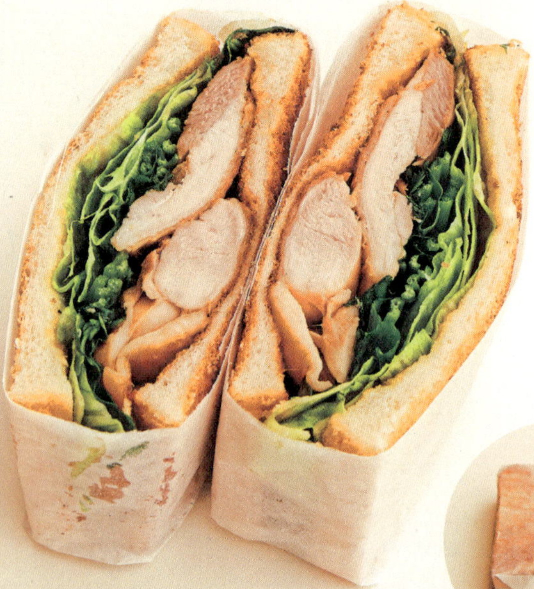

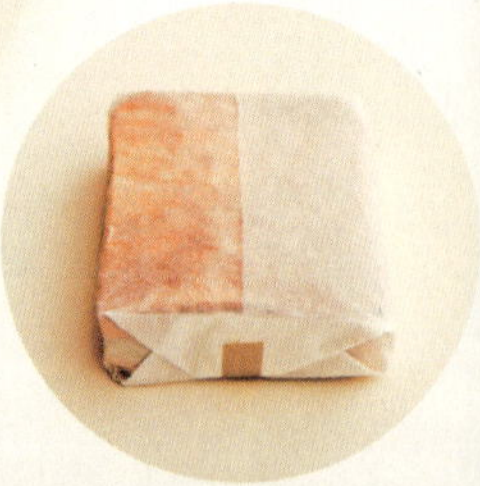

둘둘 말기

재료를 식빵 사이에 끼우는 것뿐만이 아니라, 식빵 위에 놓고
둘둘 마는 방법도 있어요. 동글게 썰면 단면이 예쁘게 나옵니다.
여기서는 독특한 한국식 김밥을 만들어 봤어요.

[참고 레시피]
동글동글 김밥

재료

식빵(1.5cm) 1장, 인삼 1/4뿌리, 콩나물 1/3봉지, 당근 1/10개, 쑥갓 1뿌리,
간 마늘 조금, 참기름 적당량, 소금 적당량, 고추장 적당량, 김 2장

1. 채 썬 인삼과 콩나물은 삶아서 물기를 짜고, 간 마늘과 참기름,
   소금으로 나물처럼 무친다.
2. 당근은 채 썰어서 소금으로 버무리고 물기를 뺀 뒤 간 마늘과
   참기름, 소금에 무친다. 쑥갓도 살짝 삶아 둔다.
3. 식빵에 고추장을 얇게 바르고 김을 깐다.
4. 채소들을 식빵 위에 올리고 김밥처럼 둘둘 만다.

Point

둘둘 말면 기본적인 재료가 예쁘게 보여서 즐겁다.

마법 94 그 밖에 **랩핑**

피크닉이나 친구 집에 초대 받았을 때 예쁜 종이로 감싼
토스트나 샌드위치를 들고 가면 모두가 기뻐할 거예요.

[참고 레시피]
코코넛 토스트

재료
식빵(어떤 두께라도 가능) 1장, 버터 적당량, 코코넛 파우더 적당량

1. 1분 정도 구운 식빵에 버터를 바르고, 코코넛 파우더를 듬뿍 뿌린다.
2. 식빵을 오븐 토스터에서 2분 동안 굽는다.

Point
포장 종이가 젖기 쉬운 재료이면 먼저 토스트를 랩으로 감싼 다음,
종이로 감싸면 좋다.

마법
95
그 밖에

석쇠 구이

식빵을 가스 불에서 석쇠로 구우면 겉은 바삭바삭하고
속은 부드러운 이상적인 식감을 맛볼 수 있어요.

재료

식빵(어떤 두께라도 가능) 1장, 석쇠

1. 가스 불에 석쇠를 두고 식빵을 올린 다음, 약불로 익힌다.

Point

석쇠에서 눈을 떼지 않고 온 신경을 쏟아 부으면 식빵을 맛있게 구울 수 있다.

마법
96
그 밖에

진공 팩

지퍼가 달린 봉투에 식빵을 넣어 냉동 보관을 하면 냉동고 안의 냄새가 옮겨 붙지 않아서 좋은 상태로 보관할 수 있습니다. 빨대로 공기를 빼서 진공에 가깝게 만들면 훨씬 효과적이에요.

재료

식빵, 지퍼백, 빨대

1. 지퍼백에 식빵을 넣고 빨대로 안쪽 공기를 뺀 다음, 냉동고에 보관한다.
2. 자연해동을 하거나 취향대로 오븐 토스터에 굽는다.

Point

공기를 너무 빼면 식빵이 납작해지므로 적당히 뺀다.

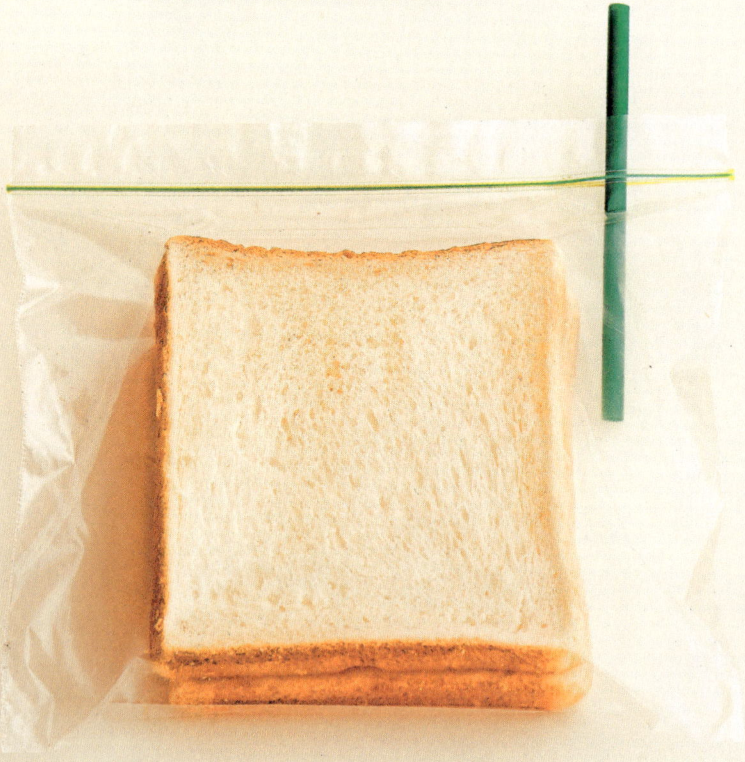

분무기

냉동 빵이나 오래되어 말라 버린 식빵은 분무기로
물을 뿌린 다음 구우면 부드러운 맛이 되살아납니다.

재료
식빵(어떤 두께라도 가능) 1장, 분무기

1. 분무기로 식빵에 물을 뿌린 다음, 좋아하는 정도로 굽는다.

Point
식빵 전체에 빈틈 없이 물을 뿌리되 너무 흥건하지 않도록 한 번만 분무한다.

SPRAY

마법
98
그 밖에

식빵 자르는 틀

식빵 자르는 틀을 사용하면
식빵을 가지런히 자를 수 있답니다.

재료

식빵, 식빵 자르는 틀(식빵 슬라이서), 칼(빵칼이 아닌 식칼도 충분)

1. 자르고 싶은 두께로 눈금을 맞춘 다음, 식빵을 갖춰 놓고 칼을 틀에 딱 붙여서 식빵을 자른다.

Point

사진의 식빵 자르는 틀은 저렴한 상품이지만 성능은 매우 훌륭하다.

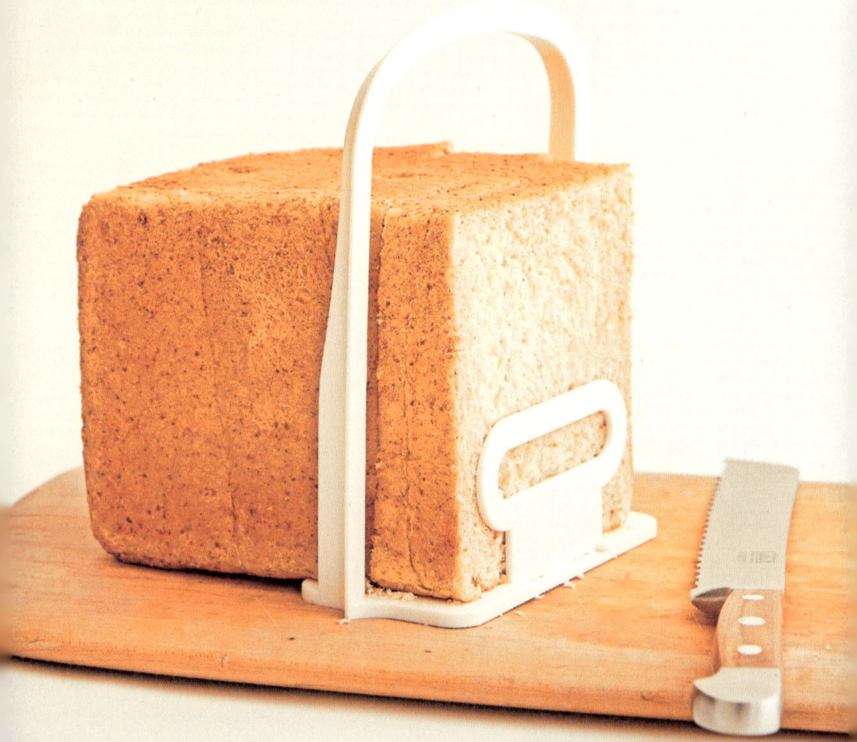

마법 **99** 그 밖에 유통기한

슈퍼나 베이커리에서 식빵을 살 때
유통기한을 비교하고 날짜가 먼 것을 삽니다.
봉지에 든 빵도 갓 구운 것일수록 상태가 좋아요.

2018. 02. 01까지 임유빈 A.S

유통기한 2018. 02. 01

370 g (925 kcal)

유통기한 2018. 01. 31까지 F

유통기한 2018. 01. 31

덤 일러스트

참고 재료

모자 – 블루베리 잼, 윤곽 – 초콜릿, 수염 · 바지 · 구두 – 커피 크림,
식빵 테두리 부분 – 딸기 잼, 식빵 하얀 부분 – 시나몬 가루(A사 제품),
식빵 속 부분 – 시나몬 가루(B사 제품), 금가루

Point

"윤곽선을 잘 그리려면 속도가 중요합니다. 직접 만든 짤주머니를 쓰면 초콜릿을 중탕해야
하고, 시중에 판매되는 초콜릿 펜이라도 그림을 그리다가 멈칫하면 초콜릿이 굳기 시작해
선이 예쁘게 그려지지 않습니다. 무엇을 그릴지 정했으면 단숨에 그리세요."
– 호리 히로미치

나는 왜 마법을 부리기로 마음먹었는가?

후쿠시마 원전 사고로 피난 생활을 하게 되어 가설 주택에 사는 친구가 있습니다. 그녀는 자주 편지로 지방에 있으면 맛있는 빵을 먹을 수 없다며 불평을 늘어놓습니다. 그런 그녀에게 빵을 맛있게 만드는 마법을 알려 주고 싶다는 생각에 이 책을 만들게 되었습니다.

그뿐만이 아닙니다. 일본의 빵집이 너무 바빠 무척 걱정스럽습니다. 프랑스에는 바게트와 크루아상이 전부인 빵집도 있건만, 일본에서는 50, 60가지의 메뉴가 기본입니다. 잠도 못자가면서 빵을 만드는 것이겠지요. 식빵을 맛있게 먹는 방법을 익히면 기본에 충실할 수 있으니, 장시간 노동에서 해방될 수도 있을 것입니다.

또 다른 계기가 있습니다. 저는 일본의 밀가루를 더욱 맛있고 안전하게 사용하는 프로젝트인 〈햇밀 컬렉션〉을 시작했습니다. 맛있는 밀가루로 맛볼 수 있는 빵이 아직도 무궁무진하다는 것을 깨달았습니다. 그러려면 빵을 먹는 우리들이 마법의 수준을 올려야만 하지요. 가을날 햇밀 빵에 계절 버섯을 소테로 만들어서 얹어 먹는 것처럼요. 모두 그런 식으로 즐긴다면 재료나 부재료를 섞은 빵뿐만이 아니라 밀가루 고유의 맛이 나는 빵도 더 불티나게 팔릴 겁니다. 그러면 맛있는 햇밀을 만드는 생산자나 제분회사도 발전하고 빵 맛은 훨씬 좋아지겠지요.

이 책은 최고의 마법사 게스트들을 초빙하여 제작했습니다. 요리가 서투른 저를 대신하여 이미지를 구현해 주신 요리연구가 나쓰이 게이코 씨, 먹음직스러워 보이는 빵의 모습을 사진으로 고스란히 전해 주신 사진작가 스즈키 시즈카 씨, 선 하나조차도 비범하게 긋는 만화가 호리 미치히로 씨, 항상 빵 연구소의 좋은 점을 끌어내어 북디자인을 해 주신 야마구치 노부히로 씨와 미야마키 케이 씨, 또 식빵을 제공해 주신 다이이치야 제빵 사장님, 정말 감사했습니다. 이 책에 협력해 주신 모든 분께 마지막으로 감사하다는 말씀을 전하고 싶습니다.

이케다 히로아키

이 책에 소개된 아이디어는 지금까지 먹어 본 다양한 빵에서 영향을 받은 것입니다. 그런 빵을 만들어 주신 분들에게 감사 말씀을 전하고 싶네요. 그중에서도 특히나 제작 단계에서 아이디어를 직접 주신 분들의 이름과 상호명을 남기겠습니다.

카페 에이스

도쿄도 지요다구 우치칸다 3-10-6, 03-3256-3941 7:00~19:00(토요일은 14:00까지, 공휴일, 일요일 휴무) 김 토스트의 원조이며 개업한 지는 40년 이상 되었다. 40종류나 되는 커피가 있는 빈티지한 분위기의 찻집이다.

록빌라

오사카부 오사카시 히가시나리구 히가시오바세 3-17-23, 06-6975-0315 8:00~18:30(수요일 휴무). 한국인 거리로 잘 알려진 쓰루하시의 찻집이다. 김치 샌드위치는 한국 출신의 주인장이 만든 어머! 이 맛이라 할 수 있다.

다카하시 아키에

'리얼 푸드'의 대표이자 꿀 전문가이다. 호주 타스마니아 섬에서 생산된 레더우드 꿀을 판매하고 있으며, 그 맛은 꿀 중에서도 가히 최고라 한다.
http://real-food.jp

와타나베 마사코

빵 덕후이다. 〈빵 모임〉을 만든 장본인이자 빵 정보를 일반인에게 알리기 시작한 개척자이다. 밥은 먹지 않고 오로지 빵으로 살아간다. 저서는 《파리의 빵집》, 《맛있게 빵을 먹자!》, 《더욱 맛있는 빵 생활》, 《빛나라 프랑스 빵》, 《마사코 잼》, 《맛있는 빵 이야기》 등이 있다.

오쿠야마 메구미

빵 덕후 이력 40년이다. 도쿄의 레스토랑인 〈로브션〉에서 천연 효모로 만든 바타르를 맛본 뒤로 빵 마니아의 길로 빠지게 되었다. 식빵의 최고봉은 지바현 이치카와오노역 근처 〈베이커리 샤랑트〉의 천연 효모 식빵이라고 믿고 있다.

아키모토 아쓰코

빵 덕후 이력 44년이다. 고등학교 때 매점에서 팔던 야마자키 제과의 빵을 먹고 나서부터 본격적인 빵 덕후가 되었으며, 도쿄 가쿠게이다이가쿠역 근처의 빵집인 〈엠사이즈〉에서 다카반 토스트를 먹는 날은 그야말로 황금 같은 휴일을 만끽하는 것만 같다고 한다.

오오사라 사이코

요리나 빵 과자를 만들거나 메뉴를 개발하고, 음식에 관한 다양한 이벤트를 진행하며 〈사이코로 식당〉이라는 홈페이지를 운영하고 있다. 기획과 아이디어로 식탁을 즐겁게 만드는 마법사이다.
http://saikolo.jp

야마모토 유리코

과자 및 요리 연구가이다. 파리에서 파티시에로 일하다가 에세이스트로 전향했다. 저서로는 《이상한 과자》, 《파리의 카페와 살롱》, 《치즈케이크 여행》, 《카페오레 볼》, 《리사와 가스퍼의 디저트 북》, 《파리의 작은 가게 안내》, 《메르시 프랑스 – 또 먹고 싶은 것, 또 쓰고 싶은 것》, 《유럽의 티타임》, 《봉주르, 프로방스》, 《파리의 작은 레스토랑》, 《파리에서 발견한 앤티크》, 《유럽의 식사시간》, 《잭키의 과자 북》, 《파리의 보물 70》, 《나의 프렌치 스탠더드 A to Z》, 《삶을 물들이는 파리의 생활 잡화》, 《비밀의 런던 50》, 《예술가가 사랑한 스위치》, 《여행하는 과자 유럽 편》, 《10명의 파리지엔느》, 《파리의 맛있는 가게 70곳》, 《파리의 역사탐방 노트 – 7일 동안 순회하는 2000년의 여행》, 《과자인 빵 – 과자와 빵을 둘러싼 이상하고도 도움이 될 대담집》 등 다수가 있다.
http://yamamotohotel.jugem.jp

히노요코

직장을 다니면서 〈잘 익은 빵이다 빵 클럽〉을 만들었으며, 현재는 부이사장이자 빵 코디네이터이다. 지금까지 1만 개 이상의 빵을 먹어 온 빵 덕후 중의 빵 덕후이다. 방송에도 수차례 출연했으며 빵 애호가를 위한 시식회 같은 이벤트도 진행하고 있다.
http://www.kongaripanda.com

사이토 미카

빵을 사랑하는 직장인 여성이다. 전문가를 능가할 정도로 전국의 빵집 정보와 빵 상품에 정통해서, 빵집 사장님들 사이에서는 '최강의 아마추어'로 불리고 있다.

이케다 히로아키 지음

〈빵 연구소〉를 설립한 빵 덕후이자 작가이다. 맛있는 빵이라면 동에 번쩍 서에 번쩍 나타난다. 항상 빵을 먹고 빵을 생각하고 빵과 놀며 빵에 대해 쓰는 사람이다. 우연히 공원 벤치에 앉아 먹었던 브리오슈의 맛에 매료되어 2008년 〈빵 연구소〉를 설립했고, 꾸준히 트위터(@ikedahiroaki)에 빵 맛집들을 소개하고 있다.

박지은 옮김

대학에서 일본어와 일본학을 전공했고, 현재 바른번역 소속 번역가로 활동 중이다. '오롯이, 담담히, 그득히'를 지향하며 번역과 기획에 매진하고 있다. 옮긴 책으로는 《투데이즈 샌드위치》, 《나답게 행복하게》, 《블루블랙》 등이 있다.

식빵을
맛있게 먹는
99가지 방법

1쇄 – 2018년 4월 17일
7쇄 – 2022년 11월 1일
지은이 – 이케다 히로아키
옮긴이 – 박지은
발행인 – 허진
발행처 – 진선출판사(주)
편집 – 김경미, 최윤선, 최지혜
디자인 – 고은정, 김은희
총무·마케팅 – 유재수, 나미영, 허인화
주소 – 서울시 종로구 삼일대로 457 (경운동 88번지) 수운회관 15층
　　　　전화 (02)720-5990　팩스 (02)739-2129
　　　　홈페이지 www.jinsun.co.kr
등록 – 1975년 9월 3일 10-92

※ 책값은 커버에 있습니다.

ISBN 978-89-7221-560-8 13590

SHOKUPANWO MOTTO OISHIKUSURU 99NOMAHOU by Panlabo / Hiroaki Ikeda
Copyright　Panlabo / Hiroaki Ikeda, Guideworks, 2016
All rights reserved.
Original Japanese edition published by GUIDEWORKS CO., LTD.

Korean translation copyright　2018 by JINSUN PUBLISHING CO., LTD.
This Korean edition published by arrangement with GUIDEWORKS CO., LTD., Tokyo,
through HonnoKizuna, Inc., Tokyo, and Botong Agency.